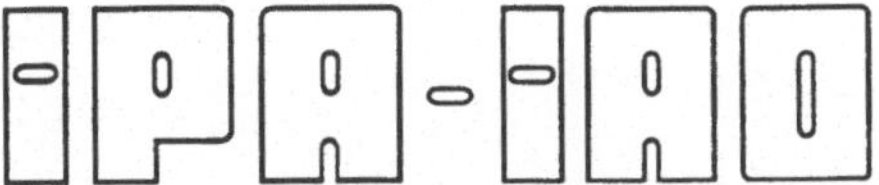

Forschung und Praxis

Band 253

Berichte aus dem
Fraunhofer-Institut für Produktionstechnik
und Automatisierung (IPA), Stuttgart,
Fraunhofer-Institut für Arbeitswirtschaft
und Organisation (IAO), Stuttgart,
Institut für Industrielle Fertigung und
Fabrikbetrieb der Universität Stuttgart und
Institut für Arbeitswissenschaft und
Technologiemanagement, Universität Stuttgart

Herausgeber: H.-J. Warnecke und H.-J. Bullinger

Springer

Berlin
Heidelberg
New York
Barcelona
Budapest
Hongkong
London
Mailand
Paris
Santa Clara
Singapur
Tokio

Ralf Kaun

Verfahren zur Konzeption automatischer reinraumtauglicher Fertigungsanlagen und -zellen

Mit 88 Abbildungen

Springer

Dr.-Ing. Ralf Kaun
Fraunhofer-Institut für Produktionstechnik und Automatisierung (IPA), Stuttgart

Prof. Dr.-Ing. Dr. h. c. mult. H.-J. Warnecke
o. Professor an der Universität Stuttgart
Präsident der Fraunhofer-Gesellschaft, München

Prof. Dr.-Ing. habil. Prof. E. h. Dr. h. c. H.-J. Bullinger
o. Professor an der Universität Stuttgart
Fraunhofer-Institut für Arbeitswirtschaft und Organisation (IAO), Stuttgart

D 93

ISBN-13: 978-3-540-63447-8   e-ISBN-13: 978-3-642-46850-6
DOI: 10.1007/978-3-642-46850-6

Gesamtherstellung: Copydruck GmbH, Heimsheim
SPIN 10643266   62/3020–5 4 3 2 1

Geleitwort der Herausgeber

Über den Erfolg und das Bestehen von Unternehmen in einer marktwirtschaftlichen Ordnung entscheidet letztendlich der Absatzmarkt. Das bedeutet, möglichst frühzeitig absatzmarktorientierte Anforderungen sowie deren Veränderungen zu erkennen und darauf zu reagieren.

Neue Technologien und Werkstoffe ermöglichen neue Produkte und eröffnen neue Märkte. Die neuen Produktions- und Informationstechnologien verwandeln signifikant und nachhaltig unsere industrielle Arbeitswelt. Politische und gesellschaftliche Veränderungen signalisieren und begleiten dabei einen Wertewandel, der auch in unseren Industriebetrieben deutlichen Niederschlag findet.

Die Aufgaben des Produktionsmanagements sind vielfältiger und anspruchsvoller geworden. Die Integration des europäischen Marktes, die Globalisierung vieler Industrien, die zunehmende Innovationsgeschwindigkeit, die Entwicklung zur Freizeitgesellschaft und die übergreifenden ökologischen und sozialen Probleme, zu deren Lösung die Wirtschaft ihren Beitrag leisten muß, erfordern von den Führungskräften erweiterte Perspektiven und Antworten, die über den Fokus traditionellen Produktionsmanagements deutlich hinausgehen.

Neue Formen der Arbeitsorganisation im indirekten und direkten Bereich sind heute schon feste Bestandteile innovativer Unternehmen. Die Entkopplung der Arbeitszeit von der Betriebszeit, integrierte Planungsansätze sowie der Aufbau dezentraler Strukturen sind nur einige der Konzepte, welche die aktuellen Entwicklungsrichtungen kennzeichnen. Erfreulich ist der Trend, immer mehr den Menschen in den Mittelpunkt der Arbeitsgestaltung zu stellen - die traditionell eher technokratisch akzentuierten Ansätze weichen einer stärkeren Human- und Organisationsorientierung. Qualifizierungsprogramme, Training und andere Formen der Mitarbeiterentwicklung gewinnen als Differenzierungsmerkmal und als Zukunftsinvestition in *Human Resources* an strategischer Bedeutung.

Von wissenschaftlicher Seite muß dieses Bemühen durch die Entwicklung von Methoden und Vorgehensweisen zur systematischen Analyse und Verbesserung des Systems Produktionsbetrieb einschließlich der erforderlichen Dienstleistungsfunktionen unterstützt werden. Die Ingenieure sind hier gefordert, in enger Zusammenarbeit mit anderen Disziplinen, z. B. der Informatik, der Wirtschaftswissenschaften und der Arbeitswissenschaft, Lösungen zu erarbeiten, die den veränderten Randbedingungen Rechnung tragen.

Die von den Herausgebern langjährig geleiteten Institute, das

- Institut für Industrielle Fertigung und Fabrikbetrieb der Universität Stuttgart (IFF),

- Institut für Arbeitswissenschaft und Technologiemanagement (IAT),

- Fraunhofer-Institut für Produktionstechnik und Automatisierung (IPA),

- Fraunhofer-Institut für Arbeitswirtschaft und Organisation (IAO) arbeiten in grundlegender und angewandter Forschung intensiv an den oben aufgezeigten Entwicklungen mit. Die Ausstattung der Labors und die Qualifikation der Mitarbeiter haben bereits in der Vergangenheit zu Forschungsergebnissen geführt, die für die Praxis von großem Wert waren. Zur Umsetzung gewonnener Erkenntnisse wird die Schriftenreihe „IPA-IAO - Forschung und Praxis" herausgegeben. Der vorliegende Band setzt diese Reihe fort. Eine Übersicht über bisher erschienene Titel wird am Schluß dieses Buches gegeben.

Dem Verfasser sei für die geleistete Arbeit gedankt, dem Springer-Verlag für die Aufnahme dieser Schriftenreihe in seine Angebotspalette und der Druckerei für saubere und zügige Ausführung. Möge das Buch von der Fachwelt gut aufgenommen werden.

H.-J. Warnecke   H.-J. Bullinger

Vorwort

Die vorliegende Arbeit entstand während meiner Tätigkeit als wissenschaftlicher Mitarbeiter am Fraunhofer-Institut für Produktionstechnik und Automatisierung (IPA), Stuttgart.

Mein besonderer Dank gilt dem ehemaligen Leiter des IPA und derzeitigen Präsidenten der Fraunhofer-Gesellschaft, Herrn Professor Dr.-Ing. Dr. h. c. mult. Hans-Jürgen Warnecke, für seine wohlwollende Unterstützung und Förderung der Arbeit.

Herrn Professor Dr.-Ing. Gisbert Lechner danke ich für die Durchsicht der Arbeit und für die Übernahme des Mitberichts.

Aus dem Kreis der Kollegen am Institut, die mich durch ihre Mitarbeit und anregende Kritik unterstützt haben, möchte ich die Herren Dr.-Ing. Bernhard Klumpp, Prof. Dr.-Ing. Dr. h. c. Rolf Dieter Schraft sowie Dr.-Ing. Manfred Schweizer besonders hervorheben. Auch sollen die Hiwis, Diplomarbeiter und Praktikanten nicht unerwähnt bleiben, die mich während dieser Zeit tatkräftig unterstützt haben. Bei ihnen allen bedanke ich mich herzlich.

Ein ganz besonderes Dankeschön gilt meinem ehemaligen Kollegen Herrn Dr.-Ing. Elmar Degenhart, der auch in schwierigen Zeiten ermutigende Worte gefunden hat, sowie meinen Freunden Dr.-Ing. Oliver Krockenberger und Dipl.-Ing. Jürgen Roth für ihre ausdauernde Diskussionsbereitschaft während der Entstehung dieses Werkes.

Stuttgart, im Mai 1997   Ralf Kaun

Your first attempts at writing a dissertation on a scientific problem usually end up with a result that is just plain wrong. What you come up with is invariably simplistic, demonstrably incorrect, doesn't take account of known facts, and just doesn't come together. So why even bother putting it to paper? The answer is: no matter what its failings may be, you know the value of an early version. You know that if you wait for a complete and perfect concept to germinate in your mind, you will most likely be waiting forever. Perfect ideas do not germinate, they evolve. So put your first idea down on paper, rout out its faults one by one, and gradually distil your work into a great piece of writing. Working hard and systematically, as well as staying constantly on track, is the only way to get you to your desired goal.

(frei nach Tom DeMarco in "Structured Analysis and System Specification", Yourdon Press, 1978)

Inhaltsverzeichnis

Abkürzungen und Formelzeichen

100Cr6		härtbarer Stahl mit 1 % Kohlenstoff und 1,5 % Chrom
2D		Zweidimensional
3D		Dreidimensional
A		Arbeitsraum
AC		Alternating Current
b	mm	Breite
BL		Barcode-Laser
BV		Bildverarbeitung
C		Carrier mit Wafern
CAD		Computer Aided Design
CIM		Computer Integrated Manufacturing
DC		Direct Current
DS		Doppelspindel
E		Elektromotor
F	N	Normalkraft
FF		Festforderung
FG		Fachgemeinschaft
FMEA		Failure Mode and Effects Analysis
FR		Führung
FZ		Fertigungszelle
G		Gewichtungsfaktor
GAM		Generic Activity Model
GF		Greifer
GLV		Gesamt-Lösungsvariante
GR		Grauraum
GRL		Grauraum-Lagerbereich
h	mm	Höhe
HHS		Handhabungssystem
HM		Hauptmodul
I		Identifikationsstation
K		Kommissionierstation
KB		Kommissionierbereich
KG		Kraft/Geschwindigkeits-Kombination
LM		Linearmotor
M		Spindelmutter
MF		Mindestforderung
MTBF		Mean Time Between Failure

MTTR		Mean Time To Repair
O		Oberflächenscanner
OPT		Optimierbarkeit der Reinraumtauglichkeit
p	N/mm^2	Flächenpressung, Druck
P		Puffer
pv-Wert	$(N/mm^2) * (m/s)$	Beanspruchungskennzahl: zulässige Flächenpressung * Relativgeschwindigkeit
PA		Polyamid
PFA		Polyfluoralkoxy
PI		Polyimid
POM		Polyoximethylen
PP-H		Homopolymerisate des Polypropylens
PRB		Prüfbereich
PTFE		Polytetrafluorethylen
PUB		Pufferbereich
PVDF		Polyvinylidenflourid
PZ		Pneumatikzylinder
QFD		Quality Function Deployment
R		Ritzel
R_a	μm	mittlere Oberflächenrauheit
RR		Reinraum
RRT		Reinraumtauglichkeit
RW		Reinraumtauglichkeitswert
RW_AN		Reinraumtauglichkeitswert einer Anlage
RW_FKRIT		Reinraumtauglichkeitswert eines Kriteriums einer Funktion/Funktionssequenz
RW_FN		Reinraumtauglichkeitswert eines Funktionsnetzes
RW_FUNK		Reinraumtauglichkeitswert einer Funktion oder Funktionssequenz
RW_MK		Reinraumtauglichkeitswert einer Modulgesamtkonfiguration
RW_MKRIT		Reinraumtauglichkeitswert eines Kriteriums eines Moduls / einer Modulgruppe
RW_MOD		Reinraumtauglichkeitswert eines Moduls oder einer Modulgruppe
S		Schleuse
SM		Submodul
SMIF		Standard Mechanical Interface
SP		Einfachspindel

SPS		Speicherprogrammierbare Steuerung
t	mm	Tiefe
T	°C	Temperatur
v	m/s	Relativgeschwindigkeit
V		Variante
VDI		Verein Deutscher Ingenieure
VDMA		Verband Deutscher Maschinen- und Anlagenbau e. V.
W		Wafer
WF		Wunschforderung
X90CrMoV18		hochlegierter, härtbarer, nichtrostender Stahl mit 0,9 % Kohlenstoff und 18 % Chrom sowie Anteilen an Molybdän und Vanadium
Z		Zahnstange

Indizes

i, j, k, l	ganzzahlige Laufvariablen

1 Einleitung

1.1 Problemstellung

Eine ständig wachsende Zahl von Produkten erfordert während der Herstellung hochreine Fertigungsumgebungen, die nur in der gefilterten, partikelarmen Luft abgeschlossener Bereiche, sogenannter Reinräume, bereitgestellt werden können /1-7/. Während sich früher die Anwendung von Reinräumen auf die "klassischen" Branchen wie Luft-/Raumfahrt, Pharmazie oder Elektronik beschränkte /8-11/, verstärkt sich seit einigen Jahren auch in anderen Branchen (Nahrungsmittelindustrie, Kraftfahrzeugtechnik usw.) die Forderung, in Reinräumen zu produzieren /5, 12-22/. Dies hat zur Folge, daß immer mehr Anlagen unter Reinraumbedingungen eingesetzt werden und die daraus abgeleiteten spezifischen Anforderungen an den konstruktiven Aufbau und Betrieb erfüllen müssen /5, 9, 23-29/.

Die Produktion unter Reinraumbedingungen erfolgt jedoch mit Anlagen, die selbst in unterschiedlichem Umfang Verunreinigungen (hauptsächlich Partikeln) erzeugen und so die reine Fertigungsumgebung und die Produkte kontaminieren können /20, 28, 30-34/. Obwohl die Klima- und Filtrationstechnik für Reinräume einen sehr hohen Stand erreicht hat /34-39/, setzt sich erst seit einigen Jahren die Erkenntnis durch, daß auch Fertigungsanlagen und -zellen für Reinraumanwendungen speziell konstruiert sein müssen, um die immer strengeren Anforderungen an die Reinheit der Fertigungsumgebung in Produktnähe erfüllen zu können /8, 40, 41/.

Die Entwicklung reinraumtauglicher Fertigungsanlagen und -zellen stellt eine zunehmend komplexer werdende Aufgabe dar, die von zahlreichen, oft restriktiven und auch widersprüchlichen Anforderungen sowie Randbedingungen, wie z. B. hohe Systemflexibilität, kompakte Bauweise, strömungsgerechte Gestaltung oder minimales Partikelemissionsniveau beeinflußt wird /5, 9, 17, 42-51/. Charakteristisch für die Anlagenentwicklung ist ihr interdisziplinärer Charakter, der durch Überlagerung verschiedener spezifischer Problembereiche bzw. technischer Disziplinen entsteht. Die unter Reinraumbedingungen herzustellenden Produkte bzw. ihre kritischen Strukturen werden tendenziell immer kleiner und kontaminationsempfindlicher /6, 32, 33, 47, 52-56/. Dies geht oft einher mit einer Verkürzung der Produktlebenszyklen - und damit auch der zur Verfügung stehenden Entwicklungszeiten - sowie z. T. einer Abnahme der Losgrößen /32, 44, 45, 47, 57, 58/. Hinsichtlich der Vielfalt und Zahl notwendiger Schritte oder der einzuhaltenden Toleranzen wird die Fertigungs- und Prozeßtechnik typischerweise immer aufwendiger /4, 9, 32, 47, 59, 60/. Hinzu kommt die Forderung nach einer verstärkten Anlagenautomatisierung, um den Menschen von teilweise ansteigenden Handhabungsmassen zu entlasten /61, 62/, ihn als bedeutende Partikelquelle /28, 29, 32, 45, 47, 59, 61, 63-65/ vom Produkt zu trennen sowie die Auslastung von Fertigungsanlagen zu optimieren /61/. Hieraus ergeben sich für die Reinraumtechnik neue Fragestellungen und Probleme, da die Automatisierung - vor allem des Materialflusses - sowie die damit verbundene Partikelemissionsproblematik bisher nur von untergeordneter Bedeutung waren und Wissen hierüber kaum vorhanden ist /29, 45, 47, 66-71/. Hinzu kommt, daß die Inbetriebnahme neuer Anlagen häufig wesentlich länger dauert als vorgesehen und somit hohe Anlaufkosten verursacht /32, 47, 72/, da an diesen oft unerwartet Modifikationen vorzunehmen sind. Viele Modifikationen resultieren aus Versäumnissen während der Anlagenentwicklung, wo Einflußfaktoren z. T. nicht ausreichend erfaßt bzw. Teilsysteme nicht optimiert wurden, da die Entwickler weitgehend ohne systematische Unterstützung auskommen müssen.

Die dargelegte Problematik führte in jüngster Zeit zu ersten grundlegenden Arbeiten über die Entwicklung reinraumtauglicher Fertigungsanlagen. So wurden z. B. Partikelemissionsuntersuchungen an Anlagenkomponenten durchgeführt oder Richtlinien und Simulationssoftware zur strömungstechnischen Auslegung von Anlagen erarbeitet /9, 28, 73, 74/. Angesichts der neuen zu berücksichtigenden Problemfelder, der steigenden Anforderungen an Fertigungsanlagen sowie der Vielzahl möglicher Einflußfaktoren/Maßnahmen wird es für Entwickler immer schwieriger, nahezu ausschließlich mit Hilfe ihres individuellen Wissens in kurzer Zeit zu optimalen Lösungen zu kommen. Deshalb muß dieses Wissen um ein strukturiertes und konkretes Vorgehen bei der Entwicklung von Fertigungsanlagen/-zellen sowie um zusätzliche Aspekte erweitert werden. Hierzu gehören die optimale Wahl und Gliederung von Anlagenfunktionen, die reinraumgerechte Automatisierung des Materialflusses sowie die Auswahl partikelemissionsarmer Materialien.

Die geschilderte Situation erfordert es, den Entwicklern Unterstützung in Form eines ganzheitlichen, jedoch individuell nutzbaren Verfahrens zu geben. Der Grund hierfür ist, daß Entwickler nicht über alle geeigneten alternativen Vorgehensweisen Bescheid wissen können und nur in einem Teil der relevanten Problembereiche über das sich ständig vertiefende Spezialwissen verfügen.

Die entscheidenden Maßnahmen zur reinraumtauglichen Anlagengestaltung entfalten wegen ihres grundlegenden Charakters die größte Wirksamkeit zu einem möglichst frühen Zeitpunkt innerhalb des Entwicklungsprozesses. Deshalb benötigen die Entwickler in erster Linie Unterstützung bei der methodischen reinraumgerechten Anlagenkonzeption.

1.2   Zielsetzung und Vorgehensweise

Ziel der vorliegenden Arbeit ist es, zur Unterstützung von Entwicklern ein Verfahren zur Konzeption automatischer reinraumtauglicher Fertigungsanlagen und -zellen zu entwikkeln. Das Verfahren soll Methoden enthalten, die konkrete Vorgehensschritte angeben, sowie strukturiertes, anwenderorientiertes Fachwissen zu den wichtigsten Problembereichen der Konzeption integrieren. Hierdurch wird eine optimale Reinraumtauglichkeit sowie Funktionalität der entwickelten Fertigungsanlagen/-zellen gewährleistet, der Handlungsspielraum der Entwickler erweitert und ihre Kreativität gefördert.

Um die beschriebene Zielsetzung zu erreichen, wird wie folgt vorgegangen:

- Analyse typischer Branchen und Anwendungsgebiete der Reinraumtechnik sowie der Typen reinraumtauglicher Fertigungsanlagen.

- Ermittlung der Problemfelder und vorhandenen Hilfsmittel sowie Analyse des Vorgehens bei der Entwicklung reinraumtauglicher Fertigungsanlagen/-zellen.

- Analyse existierender Verfahren und Methoden zur Entwicklung automatischer reinraumtauglicher Fertigungsanlagen und -zellen.

- Ableitung von Entwicklungsschwerpunkten sowie von Anforderungen an das zu entwickelnde Verfahren, seine Methoden und Hilfsmittel für die Konzeption automatischer reinraumtauglicher Fertigungsanlagen und -zellen.

- Konzeption der zu entwickelnden Methoden und Hilfsmittel des Verfahrens.

- Ableitung von Methoden zur funktionellen Analyse und konzeptionellen Gestaltung der Fertigungsanlagen und -zellen.

- Erarbeitung von Hilfsmitteln für die wichtigsten Problembereiche der funktionellen Analyse und der konzeptionellen Gestaltung.

- Nachweis der Eignung des entwickelten Vertahrens, d. h. der Methoden und Hilfsmittel, am Beispiel der Konzeption einer automatischen Fertigungszelle zur Waferkontaminationsmessung.

2 Stand der Technik

Im folgenden werden wichtige Definitionen der Reinraumtechnik wiedergegeben. Weitere Begriffsdefinitionen befinden sich im Glossar am Schluß der Arbeit.

2.1 Definitionen der Reinraumtechnik

Die Reinraumtechnik befaßt sich mit der Herstellung von Produkten bzw. der Durchführung anderer Aufgabenstellungen in einer partikelarmen Umgebung sowie der dazu notwendigen Gebäude- und Anlagentechnik /75/. Bei der Mehrzahl der Anwendungen geht es um den Schutz des Produktes vor partikulären Verunreinigungen oder Mikroorganismen aus der Umgebungsluft bzw. Prozeßgasen und -flüssigkeiten /76, 77/. In manchen Fällen muß auch der Mensch vor schädlichen Stoffen bei Herstellungsprozessen geschützt werden /28, 77, 78/. Die Reinraumtechnik stellt eine interdisziplinäre Technik dar, die Teilbereiche der Luft-, Klima-, Anlagen- und Automatisierungstechnik sowie der Filtrations- und Meßtechnik kombiniert.

2.1.1 Reinraum und Reinraumklassen

Ein Reinraum ist ein abgegrenzter Bereich, in dem mittels geeigneter Einrichtungen eine Begrenzung von Partikeln in der Luft nach Größe und Zahl erreicht wird sowie bestimmte Temperatur-, Luftdruck- und Luftfeuchtigkeitsbedingungen eingehalten werden können /76/. Da durch alle Arbeits- bzw. Fertigungsvorgänge laufend Partikeln freigesetzt werden, bezieht sich die Reinraumklasse nur auf die Reinheit der Erstluft, die aus Schwebstofffiltern oder anderen Lufteintrittsöffnungen in den Reinraum eintritt und durch innerhalb des Reinraums entstandene Partikeln noch nicht verunreinigt ist.

Die Reinheit der Reinräumen zugeführten gefilterten Luft, d. h. die Zahl der noch in der Reinraumluft vorhandenen Partikeln, kann sich je nach den bestehenden Anforderungen erheblich unterscheiden. In Normen /79, 80/ werden verschiedene Reinraumklassen definiert, deren Grenzen bestimmte Partikelverteilungssummen bilden. Zur Definition der Reinraumklasse /79, 80/ (*Bild 1*) dient die Zahl der in einem Bezugsvolumen zulässigen Partikeln mit einer bestimmten Bezugsgröße (Anm.: Sämtliche Angaben in dieser Arbeit über Reinraumklassen beziehen sich im folgenden auf /79/).

Die definierte Luftqualität ist nur mit einer genau festgelegten Luftführung erreichbar, wobei zwei verschiedene Strömungsformen, die *turbulente Mischströmung* (für Reinraumklassen bis etwa 1000 nach Federal Standard 209E) /75, 81/ sowie die *turbulenzarme Verdrängungsströmung* (für Reinraumklassen besser als 1000) /76, 81, 82/ unterschieden werden.

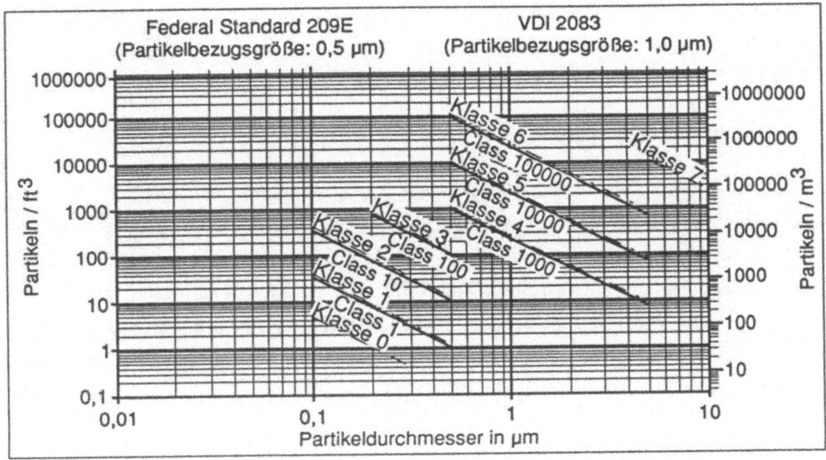

Bild 1:   *Definition der Reinraumklassen nach Federal Standard 209E und VDI-Richtlinie 2083*

2.1.2 Partikelemission und -kontamination

Die Partikelentstehung und -ausbreitung (Emission) sowie die hierdurch verursachte Kontamination der Produkte stellen innerhalb der Reinraumtechnik zentrale Themen dar. Neben partikulärer Kontamination gibt es noch andere Kontaminationsarten wie gasförmige oder ionische Kontaminationen, die jedoch - bezogen auf alle Anwenderbranchen der Reinraumtechnik - von geringerer Bedeutung sind.

Die *Partikelemission* bezieht sich auf die von Partikelquellen emittierten Partikeln /9, 28, 83, 84/, die in der Regel nicht in vollem Umfang auf das Produkt gelangen. Daher ist - bezogen auf das Produkt - vor allem das Ausmaß der Verschmutzung mit Fremdpartikeln, die *Partikelkontamination* /83-87/, zur Abschätzung der Produktgefährdung von Bedeutung /87/. Der Anteil an Partikeln, die das Produkt kontaminieren, hängt u. a. von der konstruktiven Gestaltung und der Entfernung der Partikelquelle (z. B. Anlagenkomponente) oder den lokalen Strömungsverhältnissen der Luft ab.

2.1.3 Partikelmeßtechnik

Zur Überprüfung bzw. Qualifizierung von Fertigungsanlagen oder anderen potentiellen Partikelquellen werden verschiedene Methoden eingesetzt /88, 89/. Bei der Messung von an die Umgebungsluft abgegebenen Partikeln, die auch luftgetragene Partikeln genannt werden, weil sie wegen ihrer geringen Masse der Luftströmung folgen, kommt am häufigsten der optische Partikelzähler zur Anwendung. Dieser basiert auf dem Streulichteffekt, d. h., daß immer dann, wenn eine vom Luftstrom transportierte Partikel einen Lichtstrahl unterbricht, eine Lichtstreuung auftritt, die von Photodetektoren erfaßt wird. Die Zahl der registrierten Impulse entspricht der Zahl der Partikeln, und die Höhe der Impulse ist ein Maß für die Partikelgröße.

2.1.4 Reinraumtauglichkeit

Obwohl der Begriff *Reinraumtauglichkeit* sehr häufig verwendet wird, liegt bisher noch keine verbindliche Definition vor (vgl. hierzu u. a. /90/). Gemäß dem Sprachgebrauch in der Reinraumtechnik läßt sich definieren: Die Reinraumtauglichkeit eines Systems beschreibt dessen Eignung für den Betrieb im Reinraum. Ein System ist hierfür umso besser geeignet, je weniger die herzustellenden Produkte kontaminiert oder auf andere Weise geschädigt werden und je weniger die Reinraumumgebung (Erstluftqualität, Strömungsbedingungen usw.) negativ beeinflußt wird.

2.2 Ausgangssituation

2.2.1 Branchen und Anwendungsgebiete der Reinraumtechnik

Die Reinraumtechnik stellt heute eine auf breiter Basis eingesetzte Technik dar. Die Verteilung der Branchen, gemessen am Absatz von Geräten und Anlagen der Reinraumtechnik, zeigt *Bild 2*. Es wird deutlich, daß der "klassische" Nutzer der Reinraumtechnik, die Pharmazie, immer noch eine dominierende Stellung einnimmt. Die Elektronik, die insgesamt die höchsten Anforderungen an die Reinraumtechnik stellt, folgt an zweiter Stelle. Vor allem außerhalb der Elektronikfertigung (insbesondere außerhalb der Halbleiterfertigung), der Pharmazie und der Medizin finden sich ständig neue Aufgaben bzw. Anwendungsgebiete, die Reinraumbedingungen erfordern und für die deshalb reinraumtaugliche Fertigungsanlagen erforderlich sind. Beispiele hierfür sind die Montage kleiner Bauteile, die Beschichtung von Kunststoffoberflächen oder das Spritzgießen von Sicherheitsbehältern /91-94/.

Zur Herstellung des sehr breiten Spektrums an Produkten unter Reinraumbedingungen kommt eine Vielzahl unterschiedlicher Fertigungsverfahren zur Anwendung. Es können nur Verfahren eingesetzt werden, welche die Reinheit des Produktes oder der Umgebung nicht (signifikant) beeinträchtigen. Typische innerhalb der Reinraumtechnik angewandte Verfahren sind beispielsweise optische Verfahren (Belichten) sowie urformende Verfahren wie Sintern oder Spritzgießen. Auch das Beschichten von Produkten, die Montage oder das Verpacken sind charakteristische Anwendungsfälle. Nicht geeignet für Reinräume sind in der Regel vor allem spanende Prozesse sowie andere Verfahren, die starke partikuläre, gasförmige oder flüssige Emissionen (Nebenprodukte, Abfälle) erzeugen.

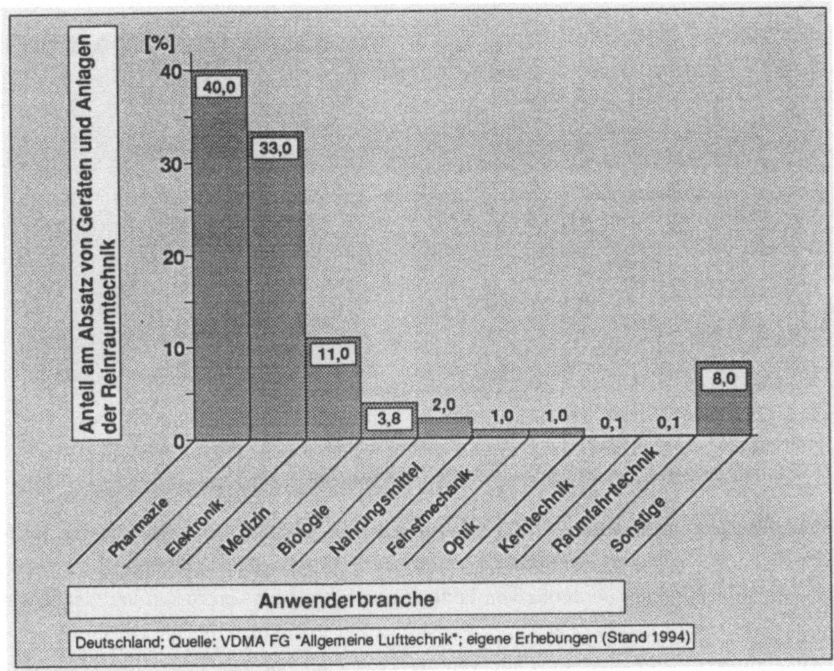

Bild 2:   Anwender von Anlagen und Geräten der Reinraumtechnik

Eine Analyse der zahlreichen Anwendungsgebiete der Reinraumtechnik zeigt, daß die Aufgaben, welche bereits heute unter Reinraumbedingungen zu lösen sind, ähnlich vielfältig sind wie unter normalen Umgebungsbedingungen und sich daher keineswegs auf bestimmte Arten von Branchen oder Fertigungsverfahren eingrenzen lassen.

2.2.2   Typen reinraumtauglicher Fertigungsanlagen

Aus der Vielfalt der unter Reinraumbedingungen auszuführenden Fertigungsaufgaben leitet sich - genau wie außerhalb der Reinraumtechnik - ein breites Spektrum unterschiedlicher Anlagen (*Bild 3*) ab, dessen Typenvielfalt mit den neu hinzukommenden Aufgaben ebenfalls zunimmt. Die grundsätzliche konstruktive Ausführung von im Reinraum eingesetzten Fertigungsanlagen unterscheidet sich daher, bezogen auf die Fertigungsaufgabe, ähnlich stark wie bei vergleichbaren Anlagen außerhalb der Reinraumtechnik. Eine Eingrenzung reinraumtauglicher Fertigungsanlagen läßt sich deshalb nicht vornehmen. Ausgeschlossen sind lediglich Anlagen, die starke partikuläre, gasförmige oder flüssige Emissionen erzeugen.

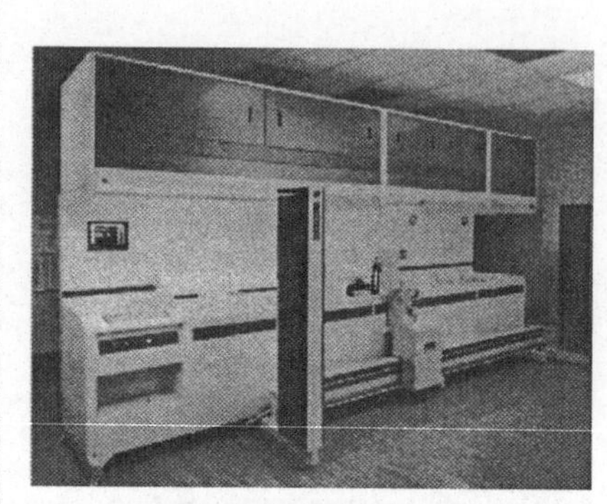

Naßprozeßstation (Intelledex)   Wafer-Reinigungsanlage (Dainippon Screen)

Bild 3:   *Beispiele für reinraumtaugliche Fertigungsanlagen*

Allen Anlagen im Reinraum gemeinsam ist jedoch die Forderung nach Reinraumtauglichkeit und daher besteht die Notwendigkeit, ihre Entwicklung konsequent darauf auszurich-
ten /95/. Eine direkte Zuordnung von Fertigungsschritten bzw. -prozessen und damit von
Fertigungsanlagen zu den Reinraumklassen ist nur eingeschränkt möglich. Die notwendige
Reinraumklasse wird in erster Linie von der Produktart und erst in zweiter Linie vom
Fertigungsschritt bzw. -prozeß bestimmt. Die konstruktive Ausführung einer Anlage hat
sich deshalb an diese Randbedingungen anzupassen. Als allgemeine Regel kann jedoch
gelten, daß häufig die ersten (Rohling herstellen, Vorbearbeitung) und die letzten Schritte
(Kontakte anbringen, Verpacken) bei der Produktherstellung die geringsten Anforderungen
an die Reinheit der Umgebung und damit an die Reinraumtauglichkeit der Anlage stellen.

Ein Lastenheft, das die wesentlichen Anforderungen an reinraumtaugliche Fertigungsanlagen zusammenfaßt, ist in *Bild 4* dargestellt (u. a. unter Verwendung von /9, 28/). Die
Anforderungen lassen sich in die Klassen

    - Übergeordnete Reinraumtauglichkeitsaspekte,

    - Anlagenkomponenten/Maschinenelemente,

    - Materialien,

    - Betriebsbedingungen und

    - Allgemeine Kriterien

untergliedern.

Übergeordnete Reinraumtauglichkeitsaspekte

- Reinraumtauglichkeit der Anlage muß der Reinraumumgebung entsprechen
- Partikuläre und gasförmige Emissionen durch Prozesse/Komponenten sind zu minimieren
- Flüssigkeiten, technische Gase, pastöse und pulverförmige Stoffe (z. B. Schmiermittel) sollen nur aus prozeßtechnischen Gründen, nicht aber als Betriebsstoffe/-hilfsmittel für Komponenten eingesetzt werden
- Emissionsquellen wie Antriebe usw. sind ggf. zu kapseln und/oder abzusaugen
- Sämtliche Komponenten müssen strömungsgünstig gestaltet sein (Form, Luftdurchlässigkeit)

Anlagenkomponenten/Maschinenelemente

- Antriebe
  - Rotatorische Bewegungen sind zu bevorzugen
  - Besonders bei hohen Reinraumtauglichkeitsanforderungen sind elektrische Antriebe (bevorzugt AC- und bürstenlose DC-Motoren) einzusetzen
  - Pneumatische Antriebe sollen nur produktfern eingesetzt werden
  - Hydraulische Antriebe sind nicht zulässig
- Antriebsübertragungselemente
  - Zahnriemen/Ritzel bzw. (Kugelumlauf-)Spindel/Mutter-Kombinationen mit großer Steigung sind zu bevorzugen
- Führungselemente
  - Kreuzrollenführungen mit möglichst großen Rollendurchmessern und gleitfähigen Käfigwerkstoffen sind bei Wälz- bzw. Rollführungen zu bevorzugen
  - Gleitführungen (ungeschmiert) sind bei geeigneter Material- und Parameterwahl auch in Produktnähe einsetzbar

- Dichtungen
  - In Produktnähe dürfen Dichtungen i. a. keine meßbaren Emissionen zulassen; hierfür sind ferrofluidische Dichtungen am besten geeignet
  - Sofern minimale Partikelemissionen zulässig sind, können auch Spaltdichtungen (mit Absaugung) oder Lippendichtungen eingesetzt werden

Materialien

- Alle verwendeten Materialien müssen korrosionsbeständig sein
- Wichtige Materialien (für Funktionssicherheit) müssen alterungsbeständig sein
- Gehäuseteile, Teile mit Produktberührung sowie bewegte Komponenten müssen besonders verschleißfest ausgeführt sein

Betriebsbedingungen

- Alle Prozesse/Fertigungsschritte müssen eng toleriert sein
- Es dürfen nur geringe Vibrationen entstehen
- Die Produkte müssen schonend gegriffen bzw. gehandhabt werden
- Produkte sollen mit niedrigen Beschleunigungen und Geschwindigkeiten bewegt werden

Allgemeine Kriterien

- Es ist ein geringes Bauvolumen bzw. ein geringer Flächenbedarf anzustreben
- Die Anlage muß eine hohe Verfügbarkeit aufweisen
- Die Instandhaltung aller Komponenten muß einfach sein

Bild 4:　　*Analyse von Anforderungen an reinraumtaugliche Fertigungsanlagen*

2.2.3　Problemfelder und Hilfsmittel bei der Entwicklung reinraumtauglicher Fertigungsanlagen und -zellen

Aufgrund einer bei 64 Herstellern reinraumtauglicher Fertigungsanlagen durchgeführten Umfrage sowie der Analyse von 25 serienmäßig hergestellten Anlagen können die derzeit für die Entwicklung wichtigsten Problembereiche und -felder identifiziert werden. Die einzelnen Problemfelder lassen sich demnach folgenden fünf Problembereichen zuordnen:

- Funktionsdarstellung und -strukturierung,

- Fertigungsprozeß- und Materialflußgestaltung,

- Direkte Partikelemissionsminimierung,

- Anlagenstrukturierung und

- Reinraumtauglichkeitsbewertung.

In einer weiteren Analyse wurde untersucht, für welche der identifizierten Problembereiche bzw. -felder Hilfsmittel zur Unterstützung der Entwicklungsarbeit veröffentlicht wurden und welche Hilfsmittel noch fehlen, aber dringend erforderlich sind. Die Ergebnisse dieser Analyse sowie die Problembereiche und -felder sind, bezogen auf die Gliederungsebenen einer Fertigungszelle, in *Bild 5* dargestellt. Es zeigt sich deutlich, daß für die Entwickler zu den traditionellen Problemfeldern wie Prozeß-/Verfahrenstechnik oder strömungsgerechte Anlagengestaltung für die Reinraumtechnik neue Felder hinzukommen.

Innerhalb der Reinraumtechnik gelten sämtliche Funktionen als potentiell kontaminationsverursachend. Obwohl die Funktionsvielfalt und die Zahl der Funktionsbeziehungen stark schwanken können, werden die Funktionsstrukturen, die sich in Einzelfunktionen, Funktionssequenzen (Funktionsabläufe) und Gruppen von Funktionssequenzen (Funktionsnetze) gliedern, insgesamt komplexer. Die erhöhte Anzahl zu betrachtender, z. T. alternativer Funktionen ergibt eine oft kaum beherrschbare Funktionsvielfalt. Aus diesen Gründen stellt die Bildung und Optimierung von Funktionsstrukturen ein neues Problemfeld mit bisher noch kaum ausgeschöpftem Potential zur Verbesserung der Reinraumtauglichkeit dar.

Zur wirksamen Minimierung der vom Menschen ausgehenden erheblichen Gefahr der Kontamination der Produkte mit Partikeln werden in zunehmendem Maße bisher manuell durchgeführte Materialflußfunktionen mittels automatischer Systeme unterschiedlicher Komplexität ausgeführt /29, 62, 63, 96, 97/. Umfang und Schwierigkeitsgrad der drei Materialflußfunktionen Handhaben, Transportieren und Puffern/Lagern können je Baugruppe, Fertigungsanlage oder -zelle sehr verschieden sein. Die Automatisierung bzw. Integration von Materialflußfunktionen kann ebenfalls zu starker partikulärer Kontamination von Produkten führen. Dies liegt u. a. daran, daß automatische Handhabungs- und Transportsysteme ebenfalls bedeutende Partikelquellen sein können und deshalb selbst reinraumtauglich sein müssen /74, 98/. Reinraumtauglichkeit, Flexibilität oder Leistungsumfang eines automatischen Materialflußsystems hängen nicht nur von der Zahl und Art der Materialflußfunktionen ab, sondern auch vom konstruktiven Grundprinzip, den Betriebsparametern usw. Da Materialflußsysteme die Verbindung von Fertigungsanlagen bzw. -zellen zur Fertigungsumgebung herstellen, muß ihre Integration in übergeordnete Fertigungsbereiche mitberücksichtigt werden.

In Zusammenhang mit der Automatisierung des Materialflusses gewinnen auch die materialflußgerechte Modularisierung von Fertigungsanlagen sowie die räumliche Anordnung von Anlagenmodulen zunehmend an Bedeutung. Die modulare Konzeption von Anlagen ist gerade in der Reinraumtechnik besonders wichtig /51, 70, 99/. Hierdurch lassen sich die (Anlagen-)Schnittstellen der zahlreichen Modelle bzw. der unterschiedlichen Hersteller leichter aneinander anpassen. Ein einfaches Up-grading der Anlagen, um den Automatisierungsgrad zu erhöhen oder strengeren Qualitätsanforderungen und sich verkürzenden Produktinnovationszyklen zu folgen, ist ebenfalls ein wichtiger Grund für die zunehmende Anlagenmodularisierung. Zur Vermeidung teurer Produktionsstillstände, z. B. beim Ausfall von Materialflußsystemen, und unnötiger Partikelkontaminationen durch Personal ist ein modularer Anlagenaufbau auch für eine schnelle Instandhaltung von herausragender Bedeutung.

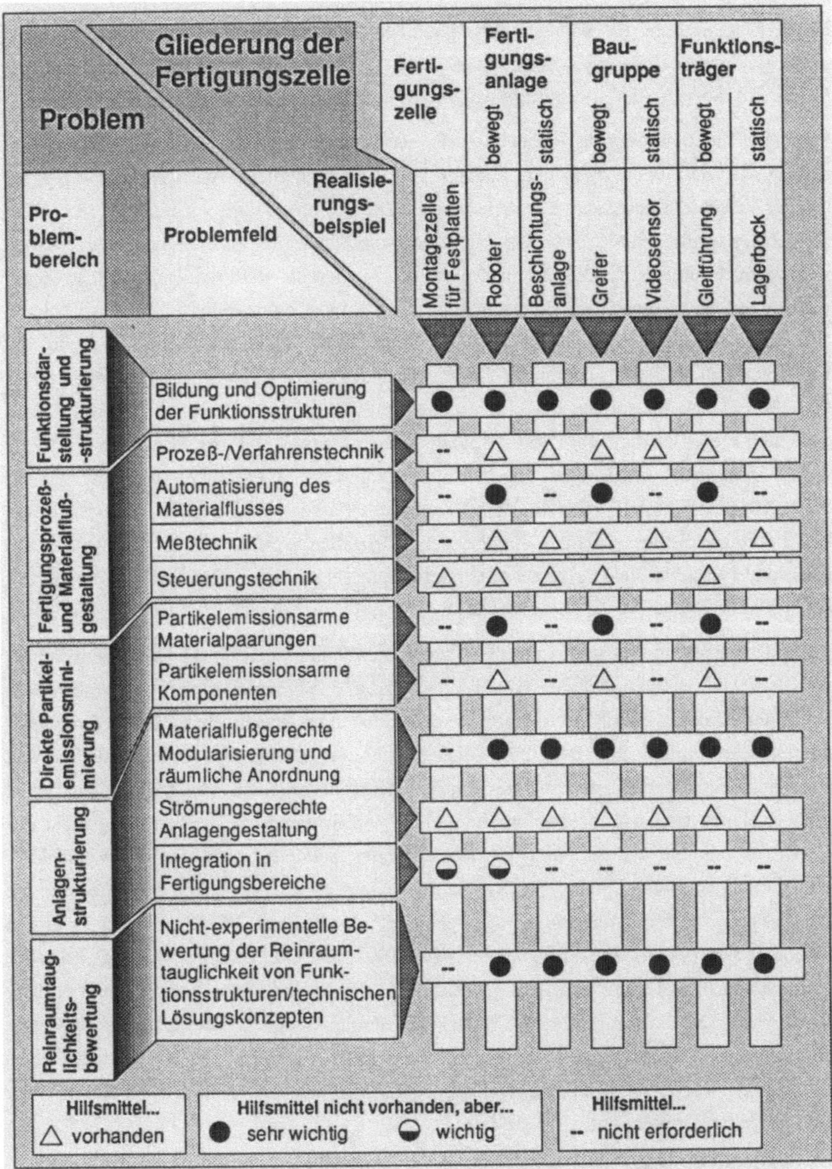

Bild 5:   *Problemfelder und Hilfsmittel bei der Entwicklung automatischer reinraumtauglicher Fertigungsanlagen und -zellen (bezogen auf ihre Gliederung)*

Die MTTR-Vorgabe für Anlagen der Mikroelektronik liegt beispielsweise bei maximal zwei Stunden. Auch kann die Funktionssicherheit und Leistungsfähigkeit bei Modulen einfacher und individueller abgestimmt werden als bei herkömmlich strukturierten Anlagen.

Durch die Relativbewegung von sich jeweils berührenden Reibpartnern entsteht in automatischen Materialflußsystemen oder anderen bewegten Systemen bzw. Baugruppen mechanischer Verschleiß und damit Partikelemission. Dies kommt häufig vor und läßt sich daher nur schwer vermeiden /28, 100/. Das Verschleiß- und damit das Partikelemissionsverhalten wird maßgeblich von den Eigenschaften der Materialien der Reibpartner sowie den Beanspruchungs- und Umgebungsbedingungen bestimmt. In sehr reinen Fertigungsumgebungen (Klasse 10 und besser) ist das Partikelemissionsverhalten, d. h. der zeitliche Verlauf, die Partikelgrößen und die absolute Höhe der Partikelzahl, von besonderem Interesse /39, 98, 100, 101/. Aus Gründen der chemischen Beständigkeit, der leichten Bearbeitbarkeit, des guten Preis-Leistungsverhältnisses, der geringen Masse sowie des möglichen Verzichts auf Schmiermittel werden bei der häufig vorkommenden Gleitreibungsbeanspruchung meist Kunststoff/Metall- oder Kunststoff/Kunststoff-Paarungen eingesetzt. Die wichtigsten bei Gleitreibungsbeanspruchung eingesetzten Materialien werden, ergänzt um weitere, allgemein als verschleißfest bekannte oder häufig eingesetzte Materialien, in *Bild 6* analysiert /74, 100, 102, 103/.

Trotz der Bedeutung partikelemissionsarmer Materialpaarungen ist ihr Partikelemissionsverhalten weitgehend unbekannt /9/. Dies liegt daran, daß Untersuchungen reibbeanspruchter Materialpaarungen bisher nur ansatzweise oder unter spezifischen Randbedingungen durchgeführt wurden /98, 104, 105/. Weiter sind konventionelle Prüfvorgehensweisen und Prüfstände für die Untersuchung des Partikelemissionsverhaltens von Materialpaarungen nicht geeignet, da diese nicht reinraumtauglich sind. In der Regel bewerten sie nicht das Verhalten während des normalen Betriebszustandes, sondern bestimmen das Verschleiß-verhalten einer Materialpaarung meist über die Massen- bzw. Volumenabnahme oder die Abnahme der Materialstärke in Abhängigkeit von der Prüfzeit. Die Gestalt der Prüflinge verändert sich dabei mehr oder weniger stark /100, 103/. Die Messung von Massen- oder Volumenabnahmen spielt in der Reinraumtechnik allein schon deshalb eine untergeordnete Rolle, weil z. B. aus den ermittelten Verschleißvolumina nicht auf Partikelzahlen und -größen sowie die "Gefährlichkeit" für Produkte geschlossen werden kann. Die Angabe eines bestimmten Verschleißvolumens sagt nichts darüber aus, ob in ihm viele kleine oder wenige große Partikeln enthalten sind.

Ein Beispiel für einen konventionellen Prüfstand zur Untersuchung gleitreibungsbeanspruchter Materialpaarungen stellt das in /106/ beschriebene Tribo-Test-Gerät dar. Es dient zur Messung des Verschleißwiderstands von mit Hartstoffen beschichteten Prüflingen. Das Ziel der Verschleißuntersuchungen besteht darin, die Zeit bis zum Eintreten des Versagens der Beschichtung ("Widerstandszeit") zu ermitteln. Die Beurteilung des Verschleißzustands erfolgt mittels optischer Verfahren. Der Prüfstand ist nicht für den Betrieb in Reinräumen ausgelegt, da beispielsweise dessen Grundstruktur, äußere Form sowie Auswahl und Anordnung der Komponenten nicht den Anforderungen an eine minimale Strömungsbeeinflussung der Luft und eine minimale Partikelemission genügen.

Durch die hohen Anforderungen an die Reinraumtauglichkeit vieler Anlagen sowie die oft große Zahl alternativer Lösungen kommt bereits in der Konzeptphase dem Problem der nicht-experimentellen Reinraumtauglichkeitsbewertung eine große Bedeutung zu. Bisher ist es weder für Funktionsstrukturen noch für technische Lösungen möglich, konkrete, d. h. vor allem quantitative Aussagen über die Reinraumtauglichkeit zu machen, und es ist keine einheitliche Bewertungssystematik bekannt. Deshalb können nach dem Stand der Technik alternative Funktionsstrukturen oder technische Lösungen nicht objektiv miteinander verglichen werden.

Material-bezeichnung	art	Beschreibung	Verwendung
X90CrMoV18, gehärtet	ME	hochlegierter, härtbarer, nichtrostender Stahl	◒
100Cr6, gehärtet	ME	härtbarer, typischer Stahl für Wälzlager	●
PTFE, ungefüllt	KU	reibungsarm, chemisch sehr beständig, schwer zu verarbeiten	◒
PFA	KU	reibungsarm, chemisch sehr beständig, leicht zu verarbeiten	○
PA 6.6	KU	reibungsarm, verschleißfest	◒
POM, ungefüllt	KU	sehr hart, verschleißfest	○
PI	KU	hohe Festigkeit, verschleißfest	○
PVDF	KU	sehr zäh und hart, chemisch beständig	○
PP-H	KU	hart, hohe Festigkeit	◒
Aluminiumoxid-Keramik	KE	extrem hart, sehr verschleißfest	○
● sehr häufig	◒ häufig	○ selten	
ME...Metall KE...Keramik KU...Kunststoff			

Bild 6:   *Analyse der Verwendungshäufigkeit eingesetzter Materialien für ungeschmierte Gleitreibungsbeanspruchung bei reinraumtauglichen Fertigungsanlagen*

Wie die Analyse der vorhandenen Hilfsmittel zeigt, gibt es für die meisten der als besonders wichtig erkannten Problemfelder keine geeigneten Hilfsmittel. Der größte Teil der als Hilfsmittel geeigneten Veröffentlichungen betrifft die Prozeß-/Verfahrenstechnik, wobei neben dem eigentlichen Prozeß der Problematik der Partikelemission starke Beachtung geschenkt wird /107/. Zahlreiche andere Veröffentlichungen beschäftigen sich mit Fragestellungen der Meß- und Steuerungstechnik. Vielen dieser Veröffentlichungen mangelt es an einer praxisgerechten Darstellungsform (Checklisten, Leitlinien usw.). Auch sind oft die Inhalte nicht ohne weiteres überschaubar und zusammenhängend aufbereitet. Teilweise sind die Veröffentlichungen extrem detailliert, ohne daß jedoch auf wesentliche übergeordnete Zusammenhänge näher eingegangen wird. Für die Auswahl partikelemissionsarmer Komponenten /28/ sowie die strömungsgerechte Anlagengestaltung /73/ gibt es übersichtliche geschlossene Darstellungen, die sich als Hilfsmittel für Entwickler sehr gut eignen. Veröffentlichungen, die als Hilfsmittel für die identifizierten neuen Problemfelder dienen können, sind bisher nicht bekannt.

Die Umfrage bei 64 Anlagenherstellern und die Analyse von 25 Fertigungsanlagen zeigen deutlich, daß es bei der Konzeption automatischer reinraumtauglicher Fertigungsanlagen neue wichtige Problemfelder gibt. Da hierfür keine geeigneten Hilfsmittel bekannt sind, müssen zur Unterstützung der Anlagenentwickler die fehlenden Hilfsmittel in praxisgerechter Form erarbeitet werden.

2.2.4 Vorgehen bei der Entwicklung reinraumtauglicher Fertigungsanlagen und -zellen

Aus der bei Anlagenherstellern durchgeführten Umfrage (vgl. Kap. 2.2.3) geht weiter hervor, daß 79 % der Unternehmen die Entwicklung von Anlagen, die unter Reinraumbedingungen zum Einsatz kommen sollen, für aufwendiger halten als für herkömmliche Fertigungsumgebungen. Der Entwicklungsaufwand hängt bei 61 % der Unternehmen stark von der Art der Aufgabe und der Reinraumklasse am späteren Einsatzort ab.

54 % aller befragten Unternehmen führen eine Anlagenentwicklung mit Teams von sechs oder mehr Mitarbeitern durch. Der Erfahrungs- bzw. Ausbildungshintergrund der Entwickler ist breit gestreut und umfaßt bei mehr als 65 % aller Unternehmen die Prozeß-/ Verfahrenstechnik, die Physik oder den Maschinenbau. Die Automatisierungstechnik ist mit nur 48 % deutlich unterrepräsentiert. Bei der Problemlösung halten 69 % der befragten Unternehmen die verstärkte Anwendung von Simultaneous Engineering für wichtig.

Die wichtigsten Einflußfaktoren auf die Anlagenentwicklung gehen aus *Bild 7* hervor. Als äußerst kritisch für das Vorgehen bei der Entwicklung erweisen sich die Vielfalt der für die Reinraumtechnik neuen Fachdisziplinen (Materialflußautomatisierung usw.) sowie das Fehlen einer übergreifenden einheitlichen Vorgehensweise bei der Entwicklung. Die anspruchsvollen reinraumspezifischen Rand- und Umgebungsbedingungen, die äußerst empfindlichen Produkte sowie der generelle Mangel an Informationen in den einzelnen Problemfeldern erschweren die Entwicklung ebenfalls sehr stark.

Durch das Fehlen einheitlicher grundlegender Vorgehensweisen (Methoden) zur Bewältigung der zahlreichen Teilaufgaben einer Entwicklung sowie dem Mangel an geeigneten Informationen (Hilfsmitteln) hängt bei 97 % der befragten Unternehmen das Entwicklungsergebnis stark oder sehr stark von der individuellen Erfahrung der Entwickler ab. 80 % aller Entwickler befolgen aus der persönlichen Erfahrung abgeleitete individuelle Vorgehensweisen mit einer variierenden Zahl einzelner Schritte, die in 50 % aller Fälle als eigenes Schema schriftlich dokumentiert werden. Bekannte Konstruktionsverfahren oder -methoden werden aufgrund ihrer mangelnden Konkretisierung und Reinraumbezogenheit praktisch nicht verwendet. Stattdessen werden Entwicklungsaufwand und -risiko beispielsweise durch Modifikation bestehender Anlagen (in 72 % der befragten Unternehmen) bzw. durch wiederholten Einsatz bekannter technischer Standardlösungen (in 69 % der befragten Unternehmen) minimiert. Das Finden neuer bzw. optimaler Lösungen, die Berücksichtigung der immer zahlreicher werdenden Einflußfaktoren, Abhängigkeiten sowie neuer Fachdisziplinen (Partikelemissionsverhalten von Materialpaarungen usw.) werden hierdurch stark eingeschränkt bzw. teilweise sogar verhindert.

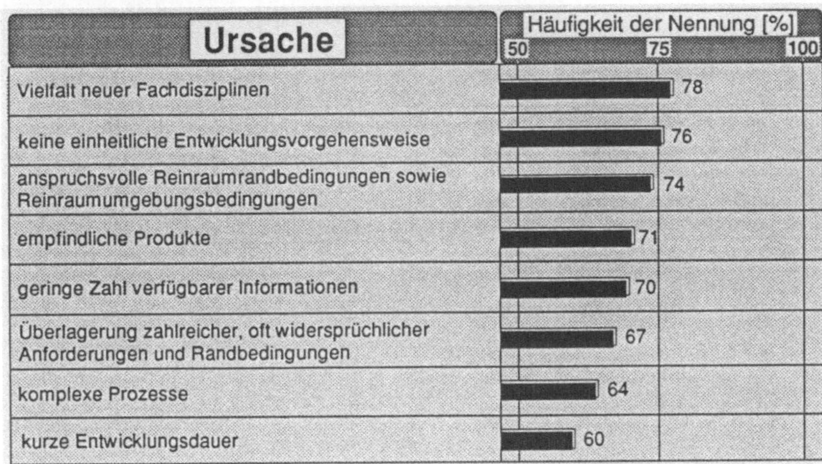

Bild 7: *Ursachen für die Komplexität des Entwicklungsvorgangs bei reinraumtauglichen Fertigungsanlagen und -zellen*

Bild 8 analysiert die einzelnen Phasen der Entwicklung, die für alle individuellen Vorgehensweisen sowie Methoden typisch, jedoch nicht immer einheitlich abgegrenzt sind /108-110/. Allen Phasen sind - entsprechend den Umfrageergebnissen bei den Anlagenherstellern - die Einflußmöglichkeiten auf die Reinraumtauglichkeit der Fertigungsanlagen zugeordnet. Es ergibt sich eindeutig, daß speziell in der Reinraumtechnik die Konzeptionsphase die entscheidende Phase des Entwicklungsprozesses ist, da die Lösungssuche und -findung schwerpunktmäßig hier erfolgt (vgl. auch /112, 113/). Die größten Einflußmöglichkeiten auf die Reinraumtauglichkeit bestehen während der konzeptionellen Grob- und Feingestaltung sowie der funktionellen Analyse, die vor allem bei der Suche nach neuen Lösungen sehr wichtig ist. Da in der Aufgabendefinitionsphase neben der eigentlichen Aufgabe vor allem Anforderungen und Randbedingungen festgelegt werden, ist hier der Einfluß auf die Reinraumtauglichkeit gering. Auch bei den Entwicklungsphasen, die sich an die Konzeptionsphasen anschließen, ist der Zuwachs an Reinraumtauglichkeit sehr begrenzt.

Die Ursachen für die starke Beeinflußbarkeit der Reinraumtauglichkeit in der Konzeptionsphase liegen in den spezifischen Reinraumumgebungs- und Betriebsbedingungen sowie der dominierenden Problematik der Partikelkontamination. Diese Einflußfaktoren können nur zu einem frühen Zeitpunkt im Entwicklungsprozeß durch grundlegende Entscheidungen über die Funktionsstruktur, die Wahl geeigneter Lösungsprinzipien und Materialien, die prinzipielle äußere Formgebung oder die räumliche Anordnung von Baugruppen beherrscht werden.

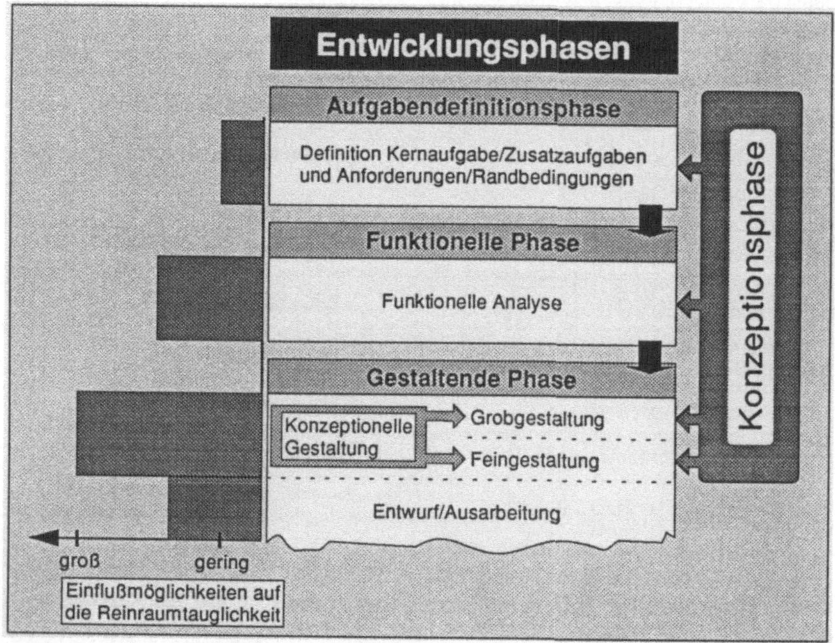

Bild 8: Entwicklungsphasen und Einflußmöglichkeiten auf die Reinraumtauglichkeit von Fertigungsanlagen

Bei vielen Anlagen wirkt sich die derzeitige Vorgehensweise bei der Entwicklung bereits auf die Phase der Inbetriebnahme aus. Diese dauert häufig länger als vorgesehen, da z. T. unerwartet Modifikationen vorzunehmen sind. Ein Teil davon begründet sich direkt mit der mangelnden Unterstützung der Entwickler hinsichtlich der Problemfelder und mit fehlenden geeigneten Vorgehensweisen.

Aus der Analyse des Vorgehens bei der Entwicklung reinraumtauglicher Fertigungsanlagen und -zellen geht hervor, daß einige z. T. neue Einflußfaktoren den Entwicklungsvorgang stark erschweren und keine einheitliche grundlegende Vorgehensweise bekannt ist. Da Entwickler gängige Konstruktionsverfahren oder -methoden als weitgehend ungeeignet für die Reinraumtechnik ansehen, gehen diese bei der Entwicklung anhand individueller Erfahrungen oder vorhandener Lösungen vor. Die Entwicklung optimaler Lösungen ist hierdurch stark erschwert, da neue Lösungsansätze nicht gefördert werden und neue Fachdisziplinen und komplexe Abhängigkeiten eine nur unzureichende Berücksichtigung finden. Deshalb bedürfen Anlagenentwickler der Unterstützung durch geeignete Methoden, die vor allem die Konzeptionsphase umfassen müssen, da dort die Reinraumtauglichkeit einer Anlage am stärksten beeinflußbar ist.

2.3 Analyse von Verfahren und Methoden zur Entwicklung reinraumtauglicher Fertigungsanlagen und -zellen

Wie die Analyse bestehender Konstruktionsverfahren und -methoden zeigt, sind die Methoden bei weitem am häufigsten vertreten /114-118/. Verfahren, die aus einer Kombination von Methoden und Hilfsmitteln bestehen und deshalb für den Anwender wesentlich effizienter sind, gibt es nur in Ausnahmefällen /119-122/.

Ziel der funktionellen Betrachtungen jeder Methode ist es, die gegebene Aufgabenstellung in eine möglichst abstrakte Problemformulierung zu übersetzen, die den Kern der Aufgabe beschreibt und alle nur denkbaren Lösungen enthält /113/. Um Funktionsstrukturen zu erhalten, müssen diese aus der Gesamtfunktion (Kernaufgabe) durch Untergliederung und Strukturierung in Teilfunktionen erzeugt werden. Die stoffliche Verwirklichung einer Anlage und das Finden neuer Lösungen ist ohne das Aufstellen einer Funktionsstruktur sinnvoll gar nicht möglich /123, 124/. Hierbei kann es hilfreich sein, bestimmte normierte Teilfunktionen zu verwenden /109/.

Zur Unterstützung der Entwicklung reinraumtauglicher Fertigungsanlagen/-zellen ist weder ein Verfahren noch eine Methode bekannt. Es gibt lediglich ein Verfahren /125/, das zwar den gesamten Anlagenlebenszyklus abdeckt, jedoch ausschließlich die Verbesserung bzw. Integration der Anlagenzuverlässigkeit unterstützt. Das Verfahren, das sich nur auf die Halbleiterfertigung beschränkt, definiert sechs Phasen eines Anlagenlebenszyklus sowie fünf übergeordnete Schritte zur Verbesserung der Anlagenzuverlässigkeit. Hierfür werden allgemeingültige Tätigkeiten wie das Aufstellen von Zuverlässigkeitszielen oder die Durchführung einer FMEA sowie generelle Hilfsmittel (Experimentdurchführung, QFD oder Pareto-Diagramme) kurz beschrieben. Ausführlich wird auf die Messung des Einflusses von Verbesserungsmaßnahmen mittels "Lebenszyklus-Kosten" eingegangen. Schwerpunktmäßig werden organisatorische Hilfestellungen, z. B. bezüglich der Rolle des Unternehmensmanagements, gegeben.

32

Eigene Untersuchungen sowie die Analyse entsprechender Literatur /126-136/ ergeben, daß keines der bisher veröffentlichten Konstruktionsverfahren bzw. keine veröffentlichte Konstruktionsmethode für die Entwicklung automatischer reinraumtauglicher Fertigungsanlagen und -zellen geeignet ist. Dies wird anhand der Analyse bekannter Konstruktionsverfahren/-methoden /108, 109, 111, 114-116, 119, 137/ in *Bild 9* beispielhaft gezeigt.

	Kriterium	VDI 2221	VDI 2222	Roden-acker	Roth	Koller	Pahl/ Beitz
Praxisgerechtheit	Transparenz des Entwicklungsvorgangs	◐	◐	○	◐	◐	◐
	Trennung funktionelle von gestaltender Phase	●	●	●	●	●	●
	Betonung Konzeptionsphase	○	●	○	◐	◐	●
	Strukturierung Methodenschritte	●	●	◐	◐	●	●
	Nennung konkreter Methodenschritte	◐	◐	○	○	◐	◐
	Klassifikation in sequentielle/parallele Methodenschritte	○	○	○	○	○	○
Unterstützung Reinraum-/ Materialflußtechnik	Anlehnung am Vorgehen von Entwicklern in der Reinraumtechnik	○	○	○	○	○	○
	Funktionelle Analyse/Optimierung	○	○	○	○	○	○
	Angebot/Anwendbarkeit normierter Funktionen	○	○	○	◐	◐	◐
	Integration, Randbedingungen und Problemschwerpunkte der Reinraumtechnik	○	○	○	○	○	○
	Berücksichtigung der reinraumspezifischen Anlagentechnik	○	○	○	○	○	○
	Berücksichtigung der Materialflußtechnik	○	○	○	○	○	○

● gut   ◐ mittel   ○ schlecht

Bild 9:   *Analyse der Eignung von Konstruktionsverfahren und -methoden für die Entwicklung automatischer reinraumtauglicher Fertigungsanlagen/-zellen*

Die Eignung der Verfahren und Methoden hängt von den Anforderungen der Entwickler hinsichtlich einer spezifischen Ausrichtung des Verfahrens bzw. der Methoden auf ihr Aufgabengebiet ab. Die erforderlichen Bewertungskriterien für diese "spezifische Ausrichtung" können sowohl inhaltlicher als auch formal/struktureller Art sein. Aus der Sicht der Entwicklung automatischer reinraumtauglicher Fertigungsanlagen/-zellen müssen inhaltliche Kriterien primär die Reinraum- und Materialflußtechnik berücksichtigen. Die formalen/strukturellen Kriterien dagegen müssen letztlich die Praxisgerechtheit z. B. durch Betonung der Konzeptionsphase oder Klassifikation der sequentiell bzw. parallel ausführbaren Schritte beschreiben.

Wie die Analyse belegt, sind die Unterschiede zwischen den Verfahren/Methoden relativ gering. Die wesentlichen Defizite bei der Praxisgerechtheit betreffen die mangelnde Transparenz der Darstellung des Entwicklungsvorgangs, die zu globale Ausrichtung der Methoden (Fehlen konkreter Methodenschritte) sowie die fehlende Klassifikation in sequentiell und parallel ausführbare Schritte.

Eine Unterstützung der Reinraum- und Materialflußtechnik leistet keines der Verfahren bzw. keine der Methoden. Weder wird das Vorgehen von Entwicklern in der Reinraumtechnik berücksichtigt noch sind die reinraumspezifischen Randbedingungen und Problemschwerpunkte integriert. Auch werden die reinraumspezifische Anlagen- und Materialflußtechnik in keiner Weise berücksichtigt. Die Durchführung einer funktionellen Analyse wird extrem knapp abgehandelt. Bei der VDI-Richtlinie 2221 /108/ beispielsweise besteht sie nur aus einem einzigen Schritt. Normierte Funktionen zur Unterstützung der funktionellen Analyse werden zwar teilweise angeboten, haben jedoch in der Praxis kaum Eingang gefunden, da die Funktionen oft zu abstrakt formuliert oder zu zahlreich sind.

Auf diesem Gebiet gibt es jedoch einen gut geeigneten Ansatz, wenngleich dieser außerhalb der Konstruktionsmethodik entwickelt wurde. Es handelt sich um das aus dem Bereich des CIM stammende GAM /138/, nach dem sich die Gesamtfunktion eines Systems mit nur vier übergeordneten generischen Funktionen (Umwandeln, Bewegen, Verifizieren und Speichern) vollständig beschreiben läßt. Eine weitere Untergliederung der vier generischen Funktionen wird, wie auch bei den normierten Funktionen der analysierten Verfahren/Methoden, nicht vorgenommen. Die Funktionen des GAM können sich sowohl auf materielle Dinge (Produkte, Hilfsstoffe) wie auch auf immaterielle Dinge (Steuerungsfunktionen, Daten) beziehen. Da Funktionen Tätigkeiten ausdrücken, werden diese grundsätzlich als Verben formuliert /114, 115, 120, 139/. Eine Funktionsbeschreibung ist nur vollständig, wenn die Eigenschaften (sogenannte Attribute) jeder Funktion spezifiziert werden /120/.

Insgesamt zeigt die Analyse bekannter Konstruktionsverfahren und -methoden, daß in keinem einzigen Fall die Entwicklung automatischer reinraumtauglicher Fertigungsanlagen und -zellen unterstützt wird. Zum einen, weil die Aspekte der Reinraum- und Materialflußtechnik nicht integriert sind, zum anderen, weil die Praxisgerechtheit z. B. aufgrund zu globaler Lösungsansätze viel zu gering ist. Die Entwicklung einer geeigneten Methode bzw. eines geeigneten Verfahrens ist daher zwingend erforderlich.

3 Entwicklungsschwerpunkte

3.1 Ableitung von Entwicklungsschwerpunkten

Die Analyse des Standes der Technik zeigt, daß für die Entwicklung reinraumtauglicher Fertigungsanlagen und -zellen keine geeigneten Verfahren, d. h. Methoden und Hilfsmittel, vorhanden sind. Dies wirkt sich hauptsächlich in der Phase der Konzeption der Fertigungsanlagen/-zellen negativ aus, bei der Handhabungs- bzw. Materialflußvorgänge und die damit verbundene Partikelkontaminationsproblematik eine wichtige Rolle spielen. Da innerhalb der Konzeptionsphase die Phase der Aufgabendefinition einen geringen Einfluß auf die Reinraumtauglichkeit der Anlage ausübt, muß das zu entwickelnde Verfahren auf die funktionelle Analyse und die konzeptionelle Gestaltung ausgerichtet werden. Bei diesen beiden Phasen ist die Reinraumtauglichkeit am stärksten beeinflußbar.

Deshalb soll auf der Basis des konstruktionsmethodischen Vorgehens sowie einer Analyse der Vorgehensweise und Probleme in der praktischen Entwicklungsarbeit bei reinraumtauglichen Fertigungsanlagen und -zellen ein Verfahren entwickelt werden, das es unter den Randbedingungen der Reinraumtechnik ermöglicht, eine effiziente Konzeption automatischer Fertigungsanlagen und -zellen durchzuführen. Ein Schwerpunkt soll dabei auf die Handhabungs- bzw. Materialflußtechnik und die Vermeidung der hierdurch verursachten Partikelkontamination gelegt werden.

Die Methoden des Verfahrens sollen das prinzipielle Vorgehen bei der funktionellen Analyse und der konzeptionellen Gestaltung unterstützen und auf die für ein optimiertes Partikelemissionsverhalten wichtigen Fragestellungen gezielt eingehen. Die Methoden sind durch Hilfsmittel zu ergänzen, die für die identifizierten, bisher nicht unterstützten Problemfelder speziell zu entwickeln sind.

Drei der sieben nicht unterstützten Problemfelder stehen in einem engen Zusammenhang. Die Problemfelder *Automatisierung des Materialflusses* sowie *materialflußgerechte Modularisierung und räumliche Anordnung* sind teilweise gegenseitig abhängig. Da das Problemfeld *Integration in Fertigungsbereiche* vor allem den Materialfluß betrifft, kann dieses ebenfalls den beiden erstgenannten Feldern zugeordnet werden.

Neben den beiden Methoden zur funktionellen Analyse und zur konzeptionellen Anlagengestaltung sind daher insgesamt vier Hilfsmittel zu entwickeln (*Bild 10*).

Verfahren zur Konzeption automatischer reinraumtauglicher Fertigungsanlagen und -zellen	
Methoden	**Hilfsmittel**
Funktionelle Analyse (Kap. 5.1)	Bildung und Optimierung von Funktionsstrukturen (Kap. 6.1)
	Partikelemissionsverhalten von Materialpaarungen (Kap. 6.2)
Konzeptionelle Gestaltung (Grob-/Feingestaltung) (Kap. 5.2)	Materialflußautomatisierung sowie materialflußbezogene Strukturierung und Integration von Fertigungsanlagen und -zellen (Kap. 6.3)
	Nicht-experimentelle Bewertung der Reinraumtauglichkeit von Fertigungsanlagen (Kap. 6.4)

Bild 10:   Zu entwickelnde Methoden und Hilfsmittel des Verfahrens

3.2   Anforderungen an das Verfahren

Als Folgerungen aus dem Stand der Technik und der Analyse der Ausgangssituation lassen sich verschiedene Anforderungen an das zu entwickelnde Verfahren ableiten. Die Anforderungen können unterteilt werden in:

- übergeordnete Anforderungen an das Verfahren,
- Anforderungen an die Methoden des Verfahrens sowie
- Anforderungen an die Hilfsmittel des Verfahrens.

3.2.1   Übergeordnete Anforderungen an das Verfahren

Es lassen sich folgende Anforderungen ableiten:

■ Betonung der Partikelkontaminationsproblematik
Da die Partikelkontaminationsproblematik die Ursache für die Anwendung der Reinraumtechnik ist, muß sich ihr Einfluß direkt auf die Gestaltung der zu entwickelnden Methoden und Hilfsmittel auswirken.

■ Vereinfachung der Entwicklungsaufgabe
Zur Komplexitätsreduktion bei der Anlagenentwicklung sind geeignete strukturelle und inhaltliche Prinzipien sowie Maßnahmen anzuwenden. Hierzu gehören z. B. die Einbindung von reinraumtypischem empirischen Wissen oder die durchgängige Anwendung des modularen Gestaltungsprinzips für Fertigungszellen/-anlagen.

■ Praxisgerechte Darstellungsform

Um eine einfache Anwendung des Verfahrens für Anwender mit unterschiedlichen Vorkenntnissen zu ermöglichen sowie die Kreativität und Flexibilität von Entwicklern weitmöglichst zu fördern, sind entsprechende Gestaltungsmaßnahmen zu ergreifen. Diese umfassen eine klare Gliederung des Verfahrens bzgl. den einzelnen Methodenphasen und den jeweils relevanten Entwicklungsschwerpunkten sowie den Verzicht auf algorithmische Darstellungen und zu hohe Detaillierungsgrade. Die Inhalte der Hilfsmittel sind leicht faßbar und direkt anwendbar aufzubereiten, z. B. mittels Leitlinien, Checklisten oder Balkendiagrammen.

3.2.2 Anforderungen an die Methoden

An die zu entwickelnden Methoden werden folgende Anforderungen gestellt:

■ Simultanes Konzeptionsvorgehen

Die beiden Methoden sollen so gestaltet werden, daß vom Beginn der funktionellen Analyse bis zum Ende der konzeptionellen Gestaltung ein weitmöglichst paralleles Arbeiten möglich ist. Hierfür sind die Methoden klar zu untergliedern und diejenigen Schritte, die zeitgleich ausführbar sind, entsprechend zu kennzeichnen.

■ Anpassung an Aufgabenumfang und Anlagenkomplexität

Anlagen mit variierendem Aufgabenumfang (Zahl und Art auszuführender Funktionen) sowie mit unterschiedlicher Komplexität der Anlagenhardware müssen mit denselben Methoden effizient konzipierbar sein.

■ Berücksichtigung des reinraumtypischen Vorgehens

Die reinraumtypischen Vorgehensschritte, die sich in der Praxis bei Entwicklern bewährt haben, sollen weitmöglichst in die Methoden integriert werden.

■ Betonung der funktionellen Analyse

Die funktionelle Analyse ist nicht nur von der konzeptionellen Gestaltung zu trennen, sondern muß durch die Methode intensiv bis hin zur Bildung und Optimierung des vollständigen reinraumgerechten Funktionsnetzes unterstützt werden.

■ Optimierung des Materialflusses

Aufgrund des großen Einflusses der Handhabungs- bzw. Materialflußtechnik auf die Partikelkontamination müssen Handhabung, Transport und Pufferung/Lagerung von Produkten mittels der Methoden sowohl während der funktionellen Analyse als auch während der konzeptionellen Gestaltung schwerpunktmäßig optimiert werden.

3.2.3 Anforderungen an die Hilfsmittel

Aus dem Stand der Technik sowie der Analyse der Ausgangssituation lassen sich die nachfolgend aufgeführten Anforderungen ableiten.

Anforderungen an das Hilfsmittel "Bildung und Optimierung von Funktionsstrukturen"

- Vorbereitung der reinraumgerechten konzeptionellen Anlagengestaltung
  Die Funktionen sind hinsichtlich ihrer Art bzw. Eigenschaften sowie ihrer logischen Zuordnung zu Funktionssequenzen so zu strukturieren, daß die Partikelemission bzw. -immission minimiert werden. Ein Schwerpunkt ist hierbei auf die Materialflußfunktionen zu legen.

- Keine Beschränkung auf ein bestimmtes Komplexitätsniveau
  Da der Funktionsumfang reinraumtauglicher Fertigungsanlagen sehr unterschiedlich sein kann, müssen die Bildung und Optimierung von Funktionsstrukturen unabhängig von ihrem Komplexitätsniveau möglich sein. Dies gilt sowohl für eine geringe Anzahl von Funktionen mit wenigen und einfachen gegenseitigen Beziehungen, als auch für eine große Anzahl von Funktionen mit vielen gegenseitigen Beziehungen.

- Vollständigkeit der Funktionsstrukturelemente
  Sämtliche Elemente einer Funktionsstruktur, d. h. Einzelfunktionen, Funktionssequenzen und Funktionsnetze, sind zu berücksichtigen.

- Eignung für alle Funktionsarten
  Die Bildung und Optimierung von Materialflußfunktionen muß ein Schwerpunkt sein. Trotzdem müssen auch alle anderen Funktionen einer automatischen reinraumtauglichen Fertigungsanlage/-zelle berücksichtigt werden, um ganzheitlich optimierte Funktionsstrukturen zu erhalten.

Anforderungen an das Hilfsmittel "Partikelemissionsverhalten von Materialpaarungen"

- Untersuchung aller wichtigen Materialien
  Sämtliche in Kap. 2.2.3 für automatische reinraumtaugliche Fertigungsanlagen als wichtig (verschleißfest und/oder häufig eingesetzt) identifizierten Materialien sind hinsichtlich der Partikelemission bei ungeschmierter Gleitreibungsbeanspruchung zu untersuchen.

■ Berücksichtigung von Materialpaarungen mit sehr niedriger Partikelemission
Auch sehr niedrige Partikelemissionen (d. h. auf einem Emissionsniveau, das ungefähr der Reinraumklasse 1 entspricht) von Materialpaarungen müssen nachgewiesen werden können.

■ Praxisgerechte reinraumtypische Beanspruchungs- und Umgebungsbedingungen
Grundlage der Ermittlung des Partikelemissionsverhaltens müssen repräsentative Beanspruchungsbedingungen (Flächenpressung, Relativgeschwindigkeit) sowie Umgebungsbedingungen (Erstluftqualität usw.) sein, um eine bestmögliche Aussagekraft der Meßergebnisse zu erzielen.

■ Problemspezifische Auswertung der Partikelemissionsmessungen
Entsprechend den typischen Fragestellungen, die bei der konzeptionellen Anlagengestaltung auftreten, sind sowohl zeitlicher Verlauf und absolute Höhe der Partikelemission als auch die verschiedenen Partikelgrößen darzustellen. Dies muß abhängig von der Materialpaarung und den Beanspruchungsbedingungen erfolgen.

Anforderungen an das Hilfsmittel "Materialflußautomatisierung sowie materialflußbezogene Strukturierung und Integration von Fertigungsanlagen und -zellen"

■ Vollständigkeit der Materialflußbetrachtungsebenen
Eine ausgewogene Materialflußgestaltung kann nur erfolgen, wenn alle Betrachtungsebenen (Baugruppe, Fertigungsanlage, -zelle und -bereich) und die zugehörigen typischen Materialflußfragestellungen berücksichtigt werden.

■ Unabhängigkeit von der Materialflußkomplexität
Die Unterstützung durch das Hilfsmittel muß unabhängig vom Umfang, Schwierigkeitsgrad sowie der Betrachtungsebene des Materialflusses sein.

■ Berücksichtigung aller Materialflußfunktionen
Die Einflüsse der technischen Lösungen aller drei Materialflußfunktionen, d. h. Handhaben, Transportieren und Puffern/Lagern, sind zu berücksichtigen.

■ Vernetzte Darstellung
Die Maßnahmen und Lösungen für die übergeordneten Betrachtungsbereiche des Materialflusses, *Automatisierung*, *Strukturierung* und *Integration*, dürfen nicht isoliert entwickelt werden. Sie sind innerhalb des Hilfsmittels aufgrund der gegenseitigen Abhängigkeiten und zur Erleichterung der Anwendbarkeit vernetzt darzustellen. Ein Beispiel hierfür sind Änderungen des Automatisierungsgrades ("Automatisierung") einer Anlage, die Auswirkungen auf das Anlagenlayout ("Strukturierung") zur Folge haben können.

Anforderungen an das Hilfsmittel "Nicht-experimentelle Bewertung der Reinraumtauglichkeit von Fertigungsanlagen"

- ■ Eignung für Funktionsstrukturen und technische Lösungen
  Es müssen sowohl die Bewertung von vollständigen Funktionsstrukturen oder Anlagen als auch die Bewertung einzelner Funktionen bzw. Funktionssequenzen sowie Funktionsträger oder Baugruppen möglich sein.

- ■ Einheitlichkeit der Bewertungssystematik
  Das Vorgehen bei der Bewertung und die Art der Einstufung der Reinraumtauglichkeit sollen für Funktionsstrukturen und technische Lösungen analog sein.

- ■ Quantifizierbarkeit der Bewertungen
  Sämtliche Bewertungen der Reinraumtauglichkeit sind grundsätzlich zu quantifizieren, auch wenn einzelne Bewertungen in einem ersten Schritt nur (halb)quantitativ erfolgen können.

- ■ Absolute Aussagen
  Die Ergebnisse der Reinraumtauglichkeitsbewertungen dürfen nicht erst durch die Relation zu anderen Ergebnissen oder Referenzwerten eine Aussage zulassen. Vielmehr müssen die Bewertungsergebnisse für sich interpretierbar und mit den Ergebnissen anderer Baugruppen oder Anlagen (bei Anwendung derselben Kriterien) direkt vergleichbar sein.

4 Konzeption der Methoden und Hilfsmittel des Verfahrens

Mit Hilfe der in Kap. 3.2 ermittelten Anforderungen ist es möglich, die Konzepte der Methoden und Hilfsmittel, aus denen das Verfahren besteht, herzuleiten und festzulegen, welche Vorarbeiten für das Verfahren erforderlich sind. Da es keine Methoden und Hilfsmittel gibt, die Grundlage für das Verfahren sein können, müssen diese, unter Berücksichtigung des Standes der Technik und der Ausgangssituation, direkt aus den Anforderungen abgeleitet werden.

4.1 Konzeption der Methoden

Die grundlegenden Eigenschaften der Methode zur funktionellen Analyse und der Methode zur konzeptionellen Anlagengestaltung werden in *Bild 11* hergeleitet.

Ähnlich wie bei der Überführung einer Funktionsstruktur in Funktionsträger und Baugruppen, wo es in der Regel zu einer Funktionsintegration kommt /140/, ist bei der Herleitung der grundlegenden Eigenschaften aus den Anforderungen nicht in jedem Fall eine direkte paarweise Zuordnung möglich. Vielmehr führen in der Regel erst unterschiedliche Kombinationen von Anforderungen zu den einzelnen Eigenschaften. Die hergeleiteten grundlegenden Eigenschaften beziehen sich entweder auf den Inhalt der beiden Methoden oder auf deren formale Darstellung bzw. Struktur.

Jede Methode unterteilt sich aufgrund der Anforderungen in zwei Hauptphasen. Diese können bis zu einem gewissen Grad parallel bearbeitet werden (*Bild 12*).

Die funktionelle Analyse erstreckt sich zunächst nur auf die normalen Funktionen für die Produktherstellung, da sie für die Entwicklung den Anstoß geben. Erst wenn wesentliche Funktionen bekannt sind, wird damit begonnen, die nicht-normalen Funktionen zu analysieren. Ab einem gewissen Analysefortschritt bei den normalen Funktionen kann dies parallel zur weiteren Analyse der Normalfunktion erfolgen. Dies entspricht praktischen Erfahrungen, nach denen sich Entwickler von Anlagen für die Reinraumtechnik aufgrund der Partikelkontaminationsproblematik und hoher Produktionsstillstandskosten z. B. bereits über die Instandhaltung Gedanken machen, während sie die wichtigsten Funktionen des instand zu haltenden Objektes gerade analysieren.

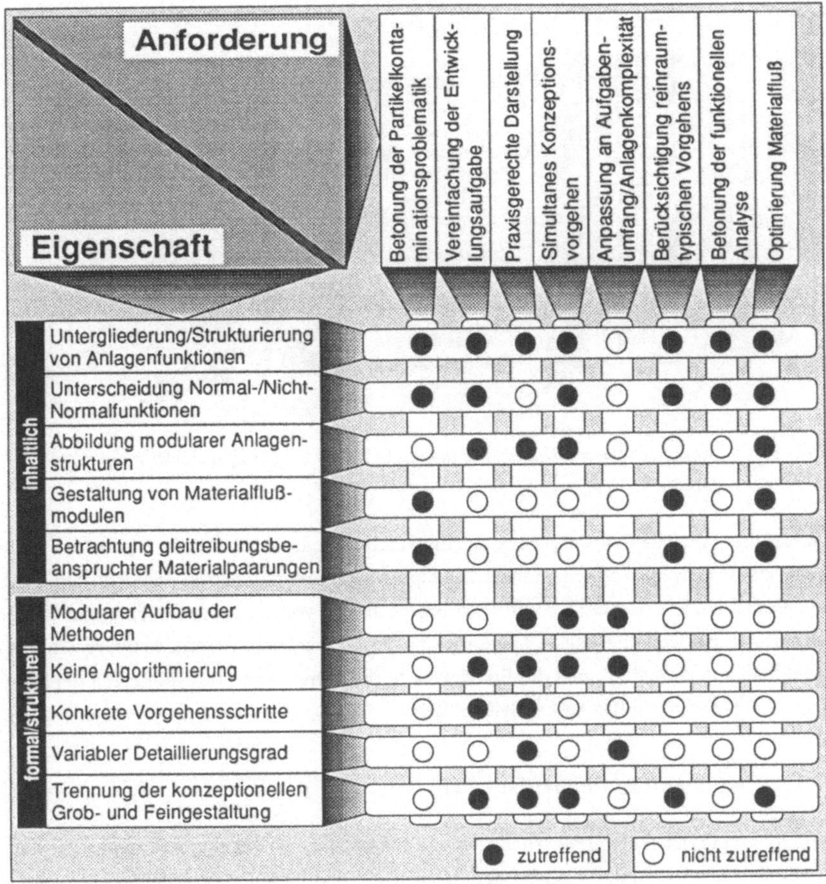

Eigenschaft	Betonung der Partikelkontaminationsproblematik	Vereinfachung der Entwicklungsaufgabe	Praxisgerechte Darstellung	Simultanes Konzeptionsvorgehen	Anpassung an Aufgabenumfang/Anlagenkomplexität	Berücksichtigung reinraumtypischen Vorgehens	Betonung der funktionellen Analyse	Optimierung Materialfluß
inhaltlich								
Untergliederung/Strukturierung von Anlagenfunktionen	●	●	●	●	○	●	●	●
Unterscheidung Normal-/Nicht-Normalfunktionen	●	●	○	●	○	●	●	●
Abbildung modularer Anlagenstrukturen	○	●	●	●	○	○	○	●
Gestaltung von Materialflußmodulen	●	○	○	○	○	●	○	●
Betrachtung gleitreibungsbeanspruchter Materialpaarungen	●	○	○	○	○	●	○	●
formal/strukturell								
Modularer Aufbau der Methoden	○	○	●	●	●	○	○	○
Keine Algorithmierung	○	●	●	●	●	○	○	○
Konkrete Vorgehensschritte	○	●	●	○	○	○	○	○
Variabler Detaillierungsgrad	○	○	●	○	●	○	○	○
Trennung der konzeptionellen Grob- und Feingestaltung	○	●	●	●	○	●	○	●

Bild 11:   *Herleitung der grundlegenden Eigenschaften der Methoden*

Im Entwicklungsverlauf kann relativ früh über den Einsatz bekannter Lösungen nachgedacht werden. Dies gilt vor allem dann, wenn es nicht notwendig ist, Anlagengrundprinzipien oder -maße wesentlich zu ändern. In solchen Fällen kann oft die Materialflußtechnik vom Prinzip her übernommen werden, während die Prozesse z. T. neuen Anforderungen genügen müssen. Auch ist die Vielfalt technischer Lösungen, z. B. für Handhabungs- und Transportsysteme, durch die reinraumspezifischen Randbedingungen und Anforderungen teilweise eingeschränkt /28/. Die konzeptionelle Gestaltung kann deshalb teilweise schon während der funktionellen Analyse von Normal- und Nicht-Normalfunktionen beginnen.

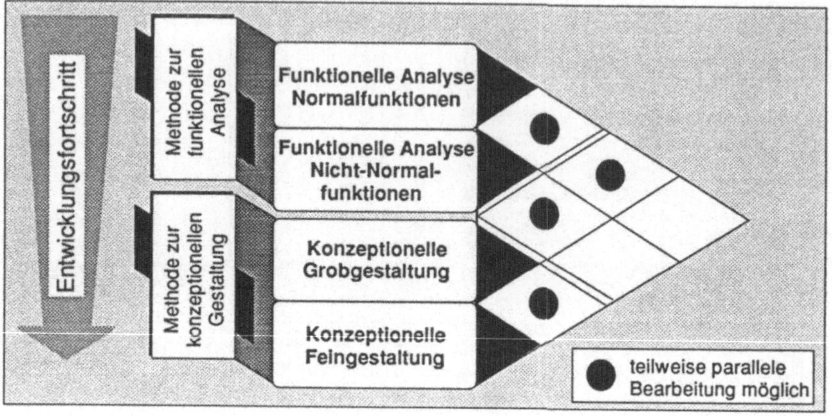

Bild 12:   *Methodengrundstruktur und parallele Bearbeitbarkeit der Methodenhaupt-*
phasen

Gemäß der Analyse des Vorgehens der Entwickler gliedert sich die konzeptionelle Anlagengestaltung in zwei übergeordnete Hauptphasen. Es wird zunächst versucht, die Ferti-
gungsanlage/-zelle in ihren wesentlichen Eigenschaften vollständig festzulegen, bevor eine
Überarbeitung, Detaillierung und Optimierung des Grobkonzeptes vorgenommen wird. Bei
minimalem Aufwand können die Entwickler so die komplexen Fragestellungen der Rein-
raum- und Materialflußtechnik effizient lösen.

4.2   Konzeption der Hilfsmittel

Die Konzepte der Hilfsmittel leiten sich aus den entsprechenden Anforderungen des Kap.
3.2.3 ab. Jedes Hilfsmittelkonzept definiert sowohl den inhaltlichen Rahmen als auch die
Art der formalen Darstellung (wichtige Darstellungsformen). Unter Berücksichtigung der
Entwicklungsschwerpunkte (Kap. 3.1) sowie der Anforderungen läßt sich der Inhalt jedes
Hilfsmittels im wesentlichen wie folgt beschreiben:

- Betrachtungsobjekte: Hierauf beziehen sich die Aussagen des Hilfsmittels.
- Unterstützte Kern-   Beschreibt die Aufgabe (den Grund), für die ein Entwickler das
  aufgaben: Hilfsmittel zu Rate zieht.
- Randbedingungen: Definieren den Anwendungs-/Gültigkeitsbereich genauer (z. B.
                       relevante Umgebungsbedingungen).
- Weitere Angaben: Beschreiben beispielsweise die Betrachtungsobjekte näher oder
                       treffen Aussagen zur inhaltlichen Systematik/Aufbereitung
                       (z. B. Art der Auswertung von Meßergebnissen).

4.2.1 Konzeption des Hilfsmittels "Bildung und Optimierung von Funktionsstrukturen"

Die Aufgabe der Bildung und Optimierung von Funktionsstrukturen für reinraumtaugliche Fertigungsanlagen und -zellen wird durch das in *Bild 13* dargestellte Hilfsmittel unterstützt. Dies ist nur möglich, wenn sämtliche Elemente der Funktionsstruktur betrachtet werden, da eine Funktionsstruktur schrittweise aus Einzelfunktionen, Funktionssequenzen und Funktionsnetzen entsteht. Die Bildung und Optimierung von Funktionssequenzen ist aufgrund der zahlreichen Kombinationsmöglichkeiten der Funktionen wesentlich komplexer als die Bildung/Optimierung von Funktionen oder Funktionsnetzen und wird deshalb schwerpunktmäßig unterstützt. Obwohl Funktionen des Materialflusses einen sehr großen Einfluß auf die partikuläre Kontamination der Produkte ausüben, werden alle anderen Funktionen mitbetrachtet, um allgemeingültige und ausgewogene Funktionsstrukturen ableiten zu können. Da das Komplexitätsniveau von Funktionsstrukturen sowohl innerhalb einer Struktur als auch zwischen unterschiedlichen Strukturen (z. B. unterschiedlichen Anlagen) stark schwanken kann, wird keine Einschränkung auf ein bestimmtes Komplexitätsniveau vorgenommen. Als geeignete Darstellungsformen erweisen sich Maßnahmenkataloge zur Funktionsstrukturbildung und -optimierung sowie Leitlinien.

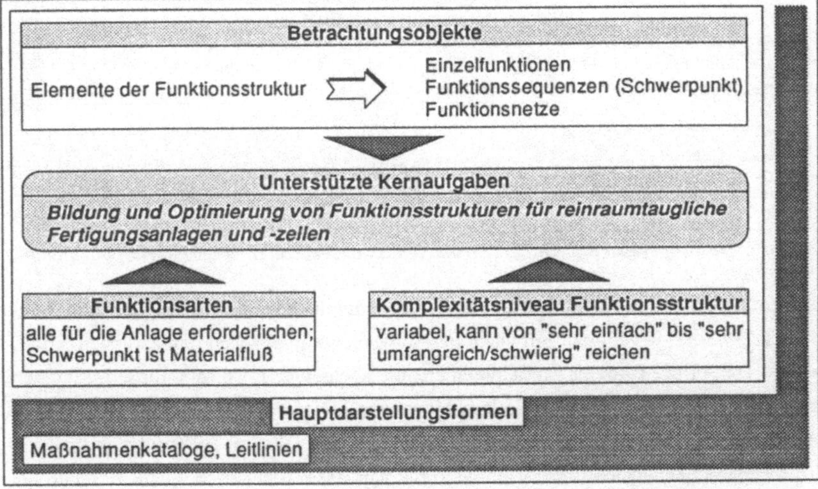

Bild 13:   Konzept des Hilfsmittels "Bildung und Optimierung von Funktionsstrukturen"

4.2.2 Konzeption des Hilfsmittels "Partikelemissionsverhalten von Materialpaarungen"

Das Hilfsmittel beschreibt das Partikelemissionsverhalten von als wichtig identifizierten Materialpaarungen (vgl. Kap. 3.2.3), die unter charakteristischen Beanspruchs- und Umgebungsbedingungen geprüft werden (*Bild 14*).

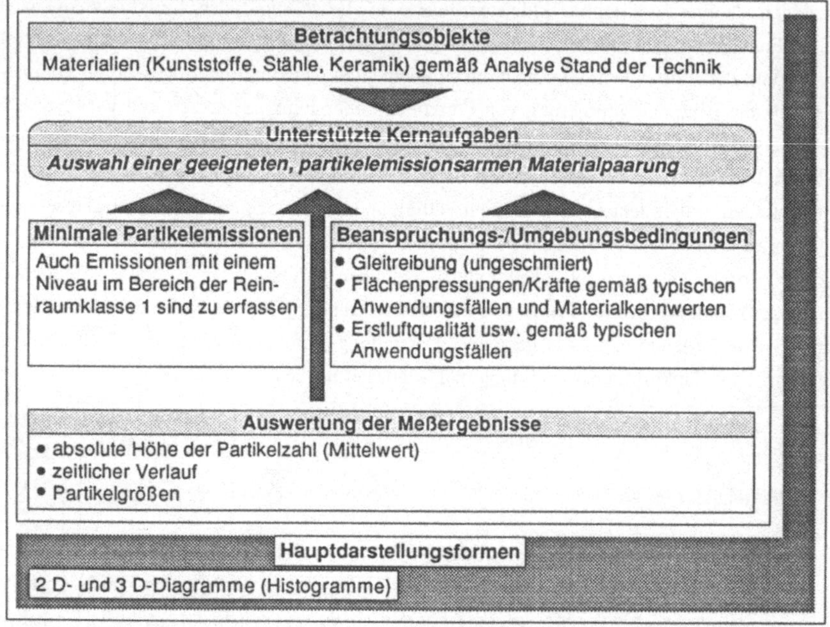

Bild 14:   Konzept des Hilfsmittels "Partikelemissionsverhalten von Materialpaarungen"

Dies ermöglicht es dem Anwender, unter den individuellen Anforderungen und Randbedingungen der jeweiligen Entwicklungsaufgabe, optimale Materialpaarungen auszuwählen. Da Anlagen häufig in Reinräumen mit hochreiner Luft zum Einsatz kommen, werden auch Aussagen über partikelemissionsarme Materialpaarungen (mit einem Emissionsniveau bis ungefähr Reinraumklasse 1) getroffen. Die im Hilfsmittel enthaltenen Informationen richten sich nach dem Bedarf der Anwender und den möglichen Meßgrößen sowie Ergebnisinterpretationen. Deshalb werden drei wesentliche Aussagemöglichkeiten berücksichtigt: die absolute Höhe der Partikelzahl (Gesamtpartikelzahl), der zeitlichen Emissionsverlauf und die Partikelgrößen.

Als einzig sinnvolle und anschauliche Formen zur Darstellung des Partikelemissionsverhaltens erweisen sich Diagramme, die bedarfsweise zwei- oder dreidimensional gestaltet werden.

Die Aussagen des Hilfsmittels können nur experimentell ermittelt werden. Deshalb sind für die Entwicklung des Hilfsmittels umfangreiche Vorarbeiten erforderlich. Da allgemeingültige Partikelemissionsuntersuchungen an ungeschmierten gleitreibungsbeanspruchten Materialpaarungen unbekannt sind, ist ein reinraumspezifisches Prüfverfahren zu erarbeiten. Dieses umfaßt die Ableitung geeigneter Prüfbedingungen, die Entwicklung eines speziellen Materialprüfstandes und einer geeigneten Prüfvorgehensweise sowie die Durchführung von Vorversuchen.

4.2.3 Konzeption des Hilfsmittels "Materialflußautomatisierung sowie materialflußbezogene Strukturierung und Integration von Fertigungsanlagen und -zellen"

Die Automatisierung, Strukturierung und Integration des Materialflusses ist eine überwiegend empirisch zu lösende Querschnittsaufgabe, die durch das Hilfsmittel (*Bild 15*) am einfachsten und wirksamsten mit übergreifenden Leitlinien und graphischen Darstellungen unterstützt werden kann.

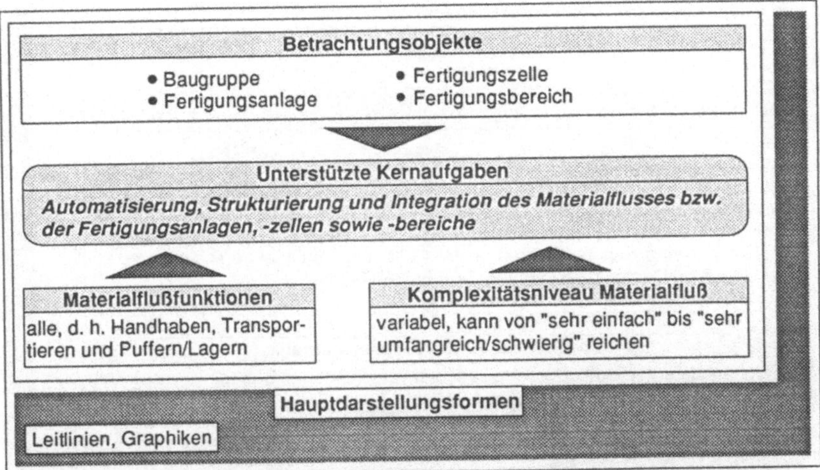

Bild 15: *Konzept des Hilfsmittels "Materialflußautomatisierung sowie materialflußbezogene Strukturierung und Integration von Fertigungsanlagen und -zellen"*

"Übergreifend" bedeutet in diesem Zusammenhang nicht nur die gemeinsame Betrachtung der genannten drei Teilaufgaben, sondern auch - entsprechend der Praxis - die Berücksichtigung aller vier möglichen Objekte Baugruppe, Fertigungsanlage, -zelle und -bereich (z. T. in unterschiedlicher Kombination). Obwohl die drei Materialflußfunktionen unterschiedlich häufig vorkommen und auch hinsichtlich ihres Einflusses auf die partikuläre Kontamination der Produkte Unterschiede bestehen, läßt sich unter ihnen keine Priorisierung vornehmen. Letztlich tragen alle Materialflußfunktionen bzw. die zugehörigen technischen Lösungen zur Partikelemission/-kontamination bei und können nur gemeinsam sinnvoll optimiert werden. Da, je nach Anwendungsfall, wenige bzw. einfache Materialflußfunktionen einen größeren Einfluß auf die partikuläre Kontamination von Produkten haben können, als viele oder komplexe Materialflußfunktionen, ist das Hilfsmittel unabhängig vom Komplexitätsniveau des Materialflusses gestaltet.

4.2.4 Konzeption des Hilfsmittels "Nicht-experimentelle Bewertung der Reinraumtauglichkeit von Fertigungsanlagen"

Da sowohl Funktions- als auch Modulstrukturen (bzw. ihre Elemente) ein großes Optimierungspotential bzgl. der Reinraumtauglichkeit aufweisen können, ermöglicht das Hilfsmittel (*Bild 16*) eine vergleichbare Bewertung beider Betrachtungsobjekte und verwendet hierfür eine praxisnahe Bewertungssystematik.

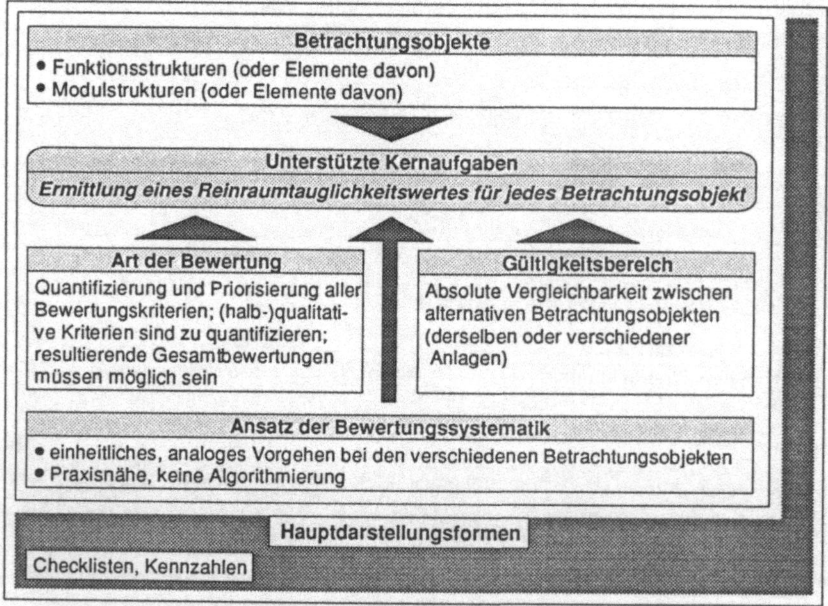

Bild 16: Konzept des Hilfsmittels "Nicht-experimentelle Bewertung der Reinraumtauglichkeit von Fertigungsanlagen"

Diese basiert auf einer leicht faß- und anwendbaren einheitlichen Vorgehensweise, die auf Algorithmen verzichtet. Um konkrete und absolute Aussagen zu gewährleisten, sind sämtliche Bewertungskriterien für die Betrachtungsobjekte priorisier- und quantifizierbar. Hierdurch ist es auch möglich, verschiedene Bewertungs(teil-)ergebnisse zu resultierenden

Reinraumtauglichkeitswerten zusammenzufassen. Als geeignete Darstellungsformen für dieses Hilfsmittel bieten sich aufgrund der durchzuführenden quantitativen Bewertungen vor allem Checklisten und Kennzahlen an.

4.3 Erarbeitung eines Prüfverfahrens zur Untersuchung des Partikelemissionsverhaltens ungeschmierter gleitreibungsbeanspruchter Materialpaarungen

Aus den Kap. 2.2.3 und 3.2.3 folgt, daß das Partikelemissionsverhalten ungeschmierter gleitreibungsbeanspruchter Materialpaarungen von großer Bedeutung für die Konzeption automatischer reinraumtauglicher Fertigungsanlagen ist. Da das Partikelemissionsverhalten weitgehend unbekannt ist und weder geeignete Prüfstände noch Prüfvorgehensweisen bekannt sind, müssen auf der Basis eines speziell zu entwickelnden Prüfverfahrens Partikelemissionsuntersuchungen durchgeführt werden.

4.3.1 Ableitung der Prüfbedingungen und Anforderungen an den Prüfstand

Bild 17 gibt einen Überblick über die Prüfbedingungen für die Untersuchungen der Materialien.

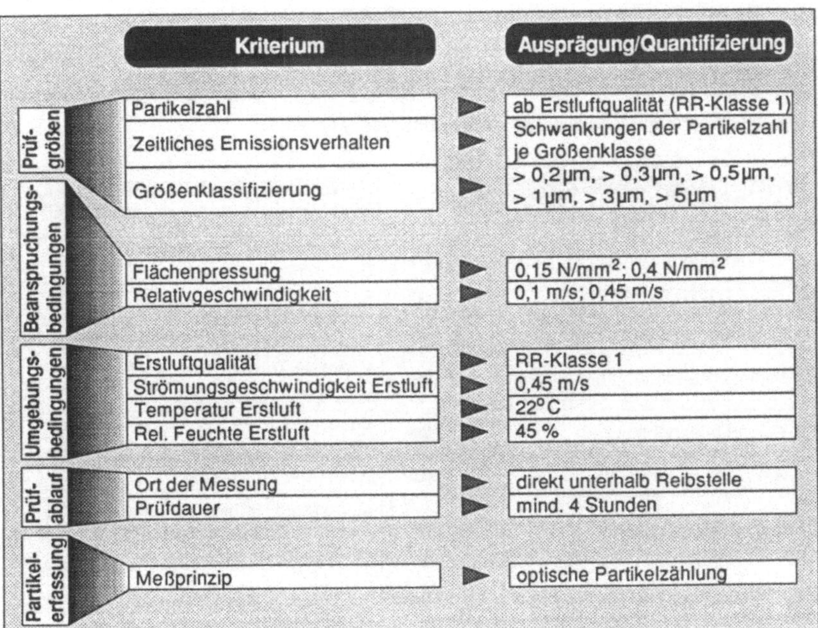

Bild 17:   Ableitung der Prüfbedingungen für die Materialuntersuchungen

Nach Kap. 3.2.3 sind zur Charakterisierung des Partikelemissionsverhaltens Angaben über die absolute Höhe der Partikelzahl (Mittelwert), die Partikelgröße und die Abhängigkeit von der Prüfdauer erforderlich. Die zu realisierenden Beanspruchungsbedingungen müssen sich einerseits an typischen Einsatzfällen der Praxis (Kräfte, Relativgeschwindigkeiten) orientieren und andererseits an den zulässigen Materialbeanspruchungen (Flächenpressung usw.). Um möglichst aussagekräftige Untersuchungsergebnisse zu erhalten, die Übertragbarkeit der Ergebnisse auch für hochreine Fertigungsumgebungen zu gewährleisten und auch sehr niedrige Partikelzahlen sicher messen zu können, müssen sämtliche Untersuchungen ebenfalls unter hochreinen Bedingungen stattfinden. Die Position der Meßstelle sowie die mindestens erforderliche Prüfdauer basieren auf speziell durchgeführten Vorversuchen sowie den Erkenntnissen aus /28/. Als Meßgerät kommt für diese Art von Untersuchungen nur ein optische Partikelzähler in Frage /28/.

Die abgeleiteten Prüfbedingungen, die spezifische Problematik der Reinraum- und Meßtechnik bei niedrigen Partikelkonzentrationen sowie im Partikelgrößenbereich unter 1 µm stellen eine Reihe notwendiger Anforderungen an den Prüfstand. Die wichtigsten Anforderungen sind in *Bild 18* zusammengestellt.

Für den effizienten Einsatz des Prüfstandes sind leicht herstell-/verfügbare Prüfkörper, eine einfache Handhabung und eine hohe Zuverlässigkeit bei minimalem technischen Aufwand von großer Bedeutung. Dies gilt auch für eine möglichst gute Zugänglichkeit zum Prüfbereich bzw. zu wichtigen Komponenten des Prüfstandes. Um möglichst unverfälschte, aussagekräftige Meßwerte zu erhalten, müssen die Strömungsbedingungen optimiert und die partikuläre Eigenemission des Prüfstands minimiert werden.

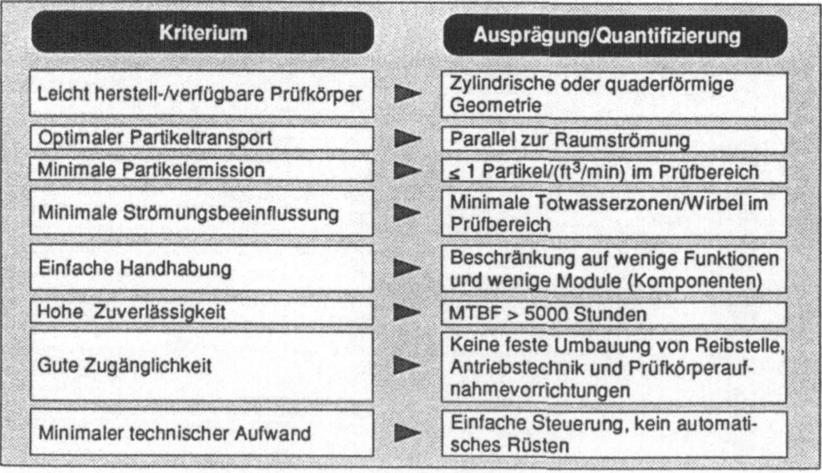

Bild 18:   Ableitung der Anforderungen an den Prüfstand

4.3.2 Entwicklung des Prüfstands und einer geeigneten Prüfvorgehensweise

Aufbauend auf den abgeleiteten Anforderungen an den Prüfstand können für dessen übergeordnete Prüfstandsmerkmale die wichtigsten Merkmalsausprägungen bewertet und ausgewählt werden (*Bild 19*).

Wie aus der Bewertung hervorgeht, sind für den Prüfstand das Stift-Scheibe-Prinzip mit vertikaler Reibebene und gekapselten Prüfkörperaufnahmevorrichtungen am besten geeignet. Eine Rahmen-Grundstruktur und eine möglichst dicht über dem Boden angeordnete Antriebseinheit tragen zusammen mit einem partikelemissionsarmen AC-Motor zu optimalen Strömungs- bzw. Partikelemissionsbedingungen im Prüfbereich bei. Eine einfach und robust aufgebaute Steuerung minimiert die technische Komplexität und den Bedienaufwand.

Prüfstandsmerkmal / Auswahlkriterium	Reibprinzip		Reibebene		Prüfkörperaufnahmevorrichtungen		Grundstruktur		Lage Antriebseinheit zu Prüfbereich			Antriebsart			Steuerungsaufbau	
	Klötzchen-Ebene	Stift-Scheibe	vertikal	horizontal	gekapselt	offene Bauweise	Rahmen	Kasten	oberhalb	seitlich	unterhalb	Schrittmotor	DC-Motor	AC-Motor	SPS	Relais-/Schütztechnik
Leicht herstell-/verfügbare Prüfkörper	◐	●														
Optimaler Partikeltransport	◐	●	●	○												
Minimale Partikelemission/-kontamination					●	○			○	◐	●	◐	◐	●		
Minimale Strömungsbeeinflussung	◐	●	●	○	●	◐	●	◐	○	◐	●					
Einfache Handhabung	◐	●													◐	●
Hohe Zuverlässigkeit												◐	◐	●	◐	●
Gute Zugänglichkeit	●	●	●	◐	◐	●	●	◐								
Minimaler technischer Aufwand	◐	●			●	◐									○	●

● Kriterium erfüllt   ◐ Kriterium teilweise erfüllt   ○ Kriterium nicht erfüllt

Bild 19:   Bewertung und Auswahl der übergeordneten Prüfstandsmerkmale

Der auf der Basis dieser Merkmale realisierte Prüfstand ist in *Bild 20* dargestellt und umfaßt folgende Hauptmodule:

- Das *Grundgestell* besteht aus Industrieprofilen, die so montiert sind, daß zur Aufnahme aller übrigen Module zwei getrennte Ebenen zur Verfügung stehen, um den strömungstechnischen Bedingungen zu genügen, eine gute Bedienergonomie zu ermöglichen und hochreine von weniger reinen Bereichen zu trennen.

- Die *Stiftaufnahme* setzt sich aus einem axial beweglichen Zweibackenfutter zusammen, das über eine Kraftmeßdose mit Federkraft beaufschlagt wird, um eine definierte Normalkraft zu erzeugen.

- Die *Scheibenaufnahme* umfaßt ein Sechsbackenfutter, das an einer Spindel angeflanscht ist und so die Relativbewegung der Reibpartner erzeugt.

- Die *Motor-/Getriebeeinheit* besteht aus dem AC-Motor und einem Spezialgetriebe, das auch sehr geringe Geschwindigkeiten ermöglicht und hohe Drehmomente übertragen kann. Die Kraftübertragung auf die Spindel erfolgt über einen Zahnriemen.

- Die *Steuerung* befindet sich zur Optimierung der Strömung wie die Motor-/Getriebeeinheit im unteren Teil des Prüfstands.

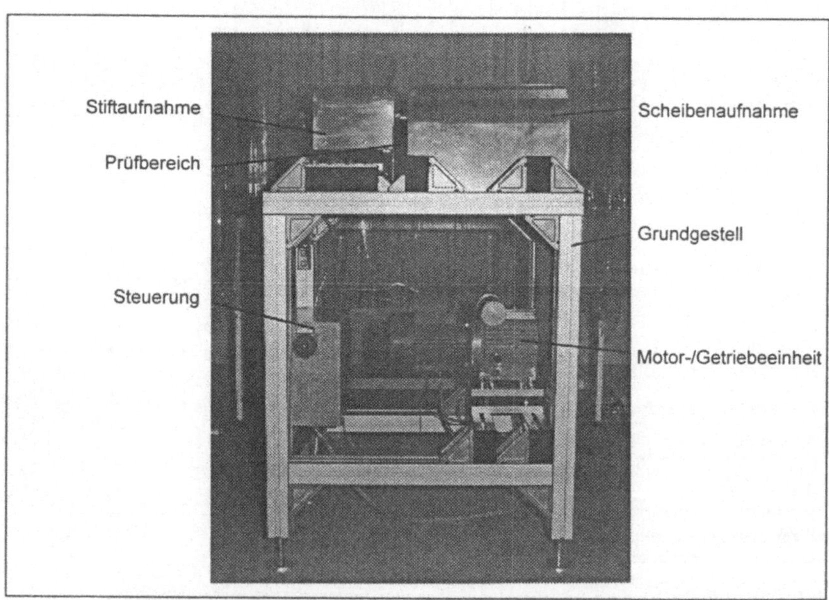

Bild 20:   *Prüfstand zur Untersuchung des Partikelemissionsverhaltens von Materialpaarungen*

Die wichtigsten Schritte der entwickelten Prüfvorgehensweise zur Ermittlung des Partikelemissionsverhaltens von Materialpaarungen mit Hilfe des entwickelten Prüfstands gibt *Bild 21* wieder.

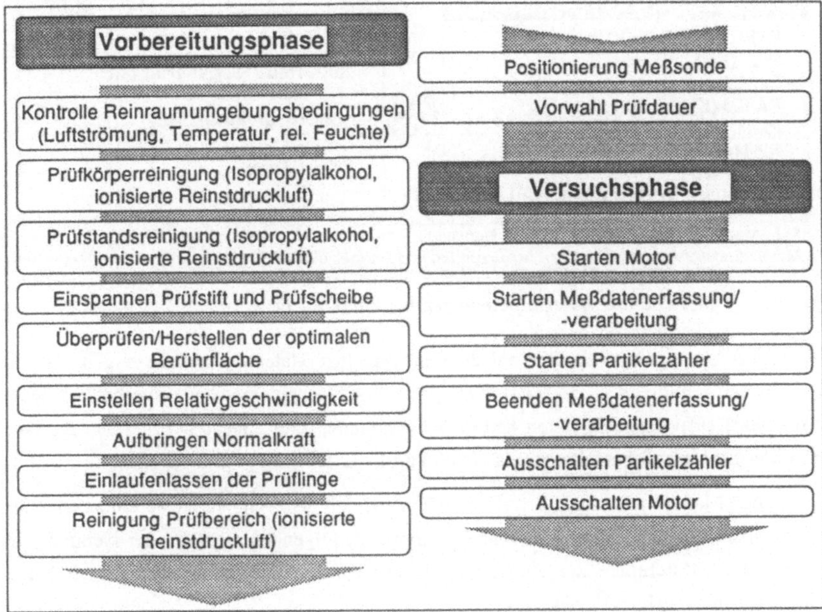

Bild 21: *Prüfvorgehensweise zur Ermittlung des Partikelemissionsverhaltens von Materialpaarungen*

4.3.3 Durchführung von Vorversuchen mit Materialpaarungen für ungeschmierte Gleitreibung

Unter den in Kap. 4.3.1 abgeleiteten Beanspruchungsbedingungen (Flächenpressung 0,15 bzw. 0,4 N/mm², Relativgeschwindigkeit 0,1 bzw. 0,45 m/s) werden mit den in Kap. 3.2.3 definierten Materialien Vorversuche durchgeführt. Auswahlkriterium für die Bildung der Materialpaarungen (*Bild 22*), d. h. der Zuordnung zu einer der beiden Gruppen, ist u. a. die Herstell-/Verfügbarkeit in gängigen Abmessungen. Unter Berücksichtigung der geforderten Flächenpressungen wird der Durchmesser des Prüfstiftes auf 10 mm und der Prüfscheibe auf 100 mm festgelegt. Hieraus ergeben sich aufzubringende Normalkräfte von 10 bzw. 30 N. Die Oberflächenrauheit der metallischen Prüfkörper beträgt $R_a = 0{,}08 \pm 0{,}02$ µm entsprechend typischen Werten bei Gleitreibungsbeanspruchung. Die aus den geforderten Flächenpressungen abgeleiteten Normalkräfte sowie die Relativgeschwindigkeiten beanspruchen die Materialpaarungen (Kunststoff-Reibpartner) z. T. bis an die Grenze des Zulässigen (oder etwas darüber hinaus) und sind daher als repräsentativ anzusehen.

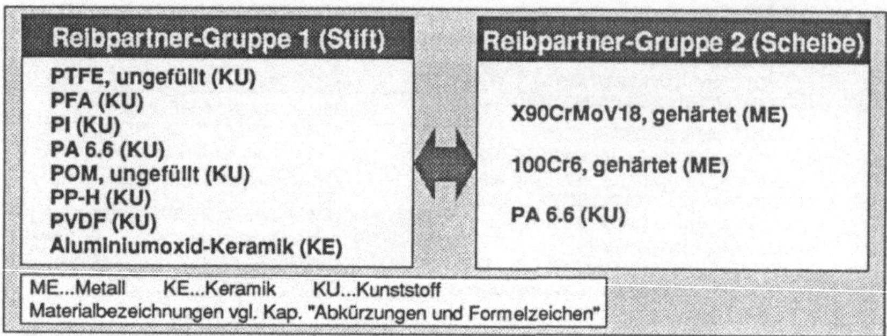

Bild 22:   Ausgewählte Materialpaarungen für Vorversuche

Die Ergebnisse der Vorversuche auf dem entwickelten Materialprüfstand zeigen, daß die meisten der gebildeten 24 Materialpaarungen ein schlechtes Trockenlaufverhalten (Stick-slip-Effekt) aufweisen. Es treten häufig Schwingungen und hohe bis sehr hohe Partikel-emissionszahlen auf (bis zu mehr als 30000 Partikeln/(ft^3/min) größer 0,2 µm).

Nur sieben Materialpaarungen erweisen sich prinzipiell als geeignet, da sie ein akzeptables Trockenlaufverhalten aufweisen (*Bild 23*; Anm.: Im folgenden wird bei der Nennung der untersuchten Materialien der Einfachheit halber auf die Erwähnung der Eigenschaften "ungefüllt" und "gehärtet" verzichtet).

Paarung	Stift	Scheibe
1	PA 6.6 (KU)	X90CrMoV18 (ME)
2	PA 6.6 (KU)	100Cr6 (ME)
3	POM (KU)	PA 6.6 (KU)
4	POM (KU)	X90CrMoV18 (ME)
5	POM (KU)	100Cr6 (ME)
6	PP-H (KU)	PA 6.6 (KU)
7	PVDF (KU)	PA 6.6 (KU)

ME...Metall   KU...Kunststoff
Materialbezeichnungen vgl. Kap. "Abkürzungen und Formelzeichen"

Bild 23:   Für kontinuierliche, ungeschmierte Gleitreibungsbeanspruchung prinzipiell
geeignete Materialpaarungen

Aus den grundsätzlichen Möglichkeiten der Ergebnisdarstellung (Kap. 4.2.2) sowie den Ergebnissen der Vorversuche lassen sich vier Auswertungsarten für die Untersuchungs-ergebnisse ableiten:

❏ Zeitliches Verhalten der Partikelemission,

❏ Abhängigkeit der Gesamtpartikelzahl und der Partikelgrößenklassen von den Beanspruchungsbedingungen,

❏ Größenanteile der emittierten Partikeln an der Gesamtpartikelzahl sowie

❏ Vergleich der Gesamtpartikelzahlen (Mittelwerte) bei unterschiedlichen Beanspruchungsbedingungen.

5 Ableitung von Methoden zur Anlagenkonzeption

5.1 Methode zur funktionellen Analyse

Die Methode zur funktionellen Analyse leitet sich vor allem aus dem allgemeinen Vorgehen zur Problemlösung /109, 141-143/, den Anforderungen und Randbedingungen der Reinraumtechnik bzw. reinraumtauglicher Fertigungsanlagen sowie praktischen Erfahrungen aus Entwicklungsprojekten ab.

5.1.1 Ableitung der Funktionen für automatische reinraumtaugliche Fertigungsanlagen und -zellen

5.1.1.1 Normierte Basisfunktionen

Um die Funktionsstruktur der zu entwickelnden Anlage vollständig beschreiben zu können, sind immer in einem hierarchischen Zusammenhang stehende Gesamt- und Teilfunktionen unterschiedlichen Detaillierungsgrades notwendig, wobei die detaillierteste Teilfunktion Elementarfunktion genannt wird /144/.

Da der Aufgabenumfang, d. h. der Funktionsgehalt der Gesamtfunktion, sehr unterschiedlich sein kann, ergibt eine Dekomposition Teilfunktionen verschiedener Detaillierungsstufen (Top-down-Ansatz). Die Anzahl der erforderlichen Detaillierungsstufen bei der funktionellen Analyse kann deshalb von Gesamtfunktion zu Gesamtfunktion stark schwanken, ist also dynamisch.

Eine Funktion eines höheren Abstraktionsgrades kann im allgemeinen Fall durch eine Kombination detaillierterer Funktionen *verschiedener* Funktionsarten ersetzt werden. Dies liegt daran, daß eine übergeordnete Funktion immer den Wesenskern eines Vorgangs beschreibt und "unterstützende" Funktionen (Lagesicherung, sensorische Kontrollen o. ä.) meist erst bei einem höheren Detaillierungsgrad wichtig werden.

Wendet man die vier normierten Teilfunktionen des Generic Activity Model (GAM) /138/ auf die produktionstechnischen Verhältnisse im Reinraum sowie die hauptsächlich durch Bewegung verursachte Partikelemissions-/-kontaminationsproblematik an und berücksichtigt man die Begriffe der Materialflußtechnik, so lassen sich nach *Bild 24* neun Basisfunktionen ableiten.

Es gibt zahlreiche Partikelquellen, die bei der Ausführung der normierten Basisfunktionen die Produkte kontaminieren können. Bei Handhabungs- und Transportvorgängen sind vor allem die Partikelemission von bewegten Komponenten bzw. mechanische Beschädigungen der Produkte, z. B. durch Reibung in den Transporthilfsmitteln, kritisch. Deshalb sind bereits im Rahmen der funktionellen Analyse Materialflußvorgänge nach Art, Häufigkeit, Zeitdauer usw. hinsichtlich einer minimalen Partikelemission und mechanischen Beschädigung zu optimieren.

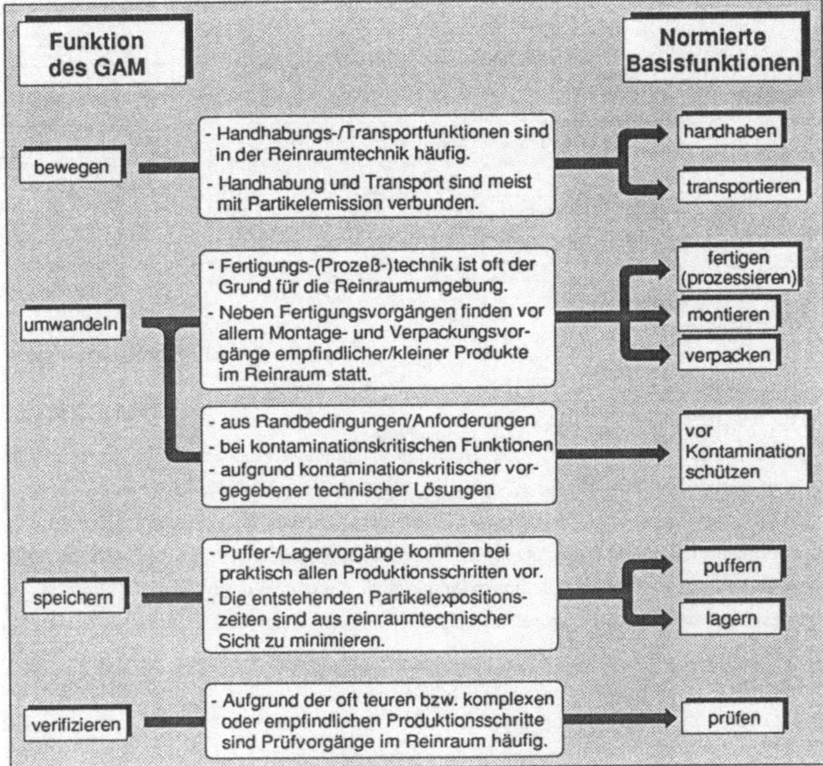

Bild 24:   Ableitung der normierten Basisfunktionen zur funktionellen Analyse

Bei Prozeßfunktionen ist das Optimierungspotential im Rahmen einer funktionellen Analyse eingeschränkt. Neben der Prozeßart (z. B. Beschichten, Reinigen usw.) üben vor allem die Prozeßparameter (Druck, Temperatur, usw.) sowie die Reinheit von Prozeßhilfsstoffen Einfluß auf die Partikelkontamination aus.

In Fällen, bei denen sich bestimmte Partikelquellen nicht vermeiden lassen und von vornherein bekannt sind, können Kontaminationsschutzfunktionen (z. B. Absaugen) in die funktionelle Analyse miteinbezogen werden, um die Anlage zum frühestmöglichen Zeitpunkt funktionell und bezüglich Partikelkontaminationen ganzheitlich zu optimieren.

Die Abhängigkeiten zwischen Funktionsart und Betriebsmodus einer Anlage bzgl. des Einflusses auf die Reinraumtauglichkeit und deren Optimierbarkeit zeigt *Bild 25*.

Funktionsart / Betriebsmodus	Prozeß		Materialfluß		Prüfen	
	RRT	OPT	RRT	OPT	RRT	OPT
normal	●	▤	●	■	○	▤
nicht-normal	○	□	●	■	◐	▤

Einfluß auf die Anlagenreinraumtauglichkeit (RRT):	Optimierbarkeit der Reinraumtauglichkeit im Rahmen der funktionellen Analyse (OPT):
● sehr hoch ◐ hoch ○ niedrig	■ sehr gut ▤ gut □ gering

Bild 25:   *Bezug der Funktionsarten und Betriebsmodi zur Reinraumtauglichkeit der Fertigungsanlagen*

Bei der Dekomposition von Funktionen sowie der hierarchischen Gliederung ist zu untersuchen, ob Funktionen (über die normierten Basisfunktionen hinaus) im Sinne einer Vereinheitlichung formalisiert dargestellt werden sollen. Damit würde man das Ziel verfolgen, bestimmten Funktionsinhalten (und Detaillierungsgraden) eindeutige Funktionsbezeichnungen zuzuordnen. Dies erweist sich jedoch aus zwei verschiedenen Gründen als nicht sinnvoll. Zum einen würde die Verwendung einer formalen "Funktionssprache" bei Entwicklern auf eine nur geringe Akzeptanz stoßen und zum anderen ist es ab einem gewissen Detaillierungsgrad sprachlich kaum mehr möglich, neue geeignete Begriffe (Verben) für die gesuchte detaillierte Funktion zu finden. Dies liegt daran, daß eine Sprache nur über eine begrenzte Anzahl von Verben verfügt, um auf unterschiedlich detaillierten Funktionsebenen z. B. Bewegungen auszudrücken. In diesem Fall bietet es sich an, Verben von Funktionen höheren Abstraktionsgrades erneut zu verwenden, wobei der unterschiedliche Detaillierungsgrad aus der formalen Funktionsdarstellung hervorgeht.

5.1.1.2 Attribute von Funktionen

Viele Attribute lassen sich aus den Anforderungen und Randbedingungen, die vor einer funktionellen Analyse zu ermitteln sind, ableiten. Sie werden in geeigneter Weise an die detaillierten Funktionen übertragen (vererbt).

Die Attribute lassen sich unterteilen in Attribute, die unmittelbar zur Durchführung der Dekomposition benötigt werden (direkte Attribute), um die Funktionen in einen korrekten logischen und örtlichen Zusammenhang zu bringen, sowie in indirekte Attribute, die alle übrigen Funktionscharakteristika und -randbedingungen beschreiben. Vor allem als Leistungsparameter (Druck, Geschwindigkeit usw.) sind sie für die konstruktive Auslegung von Anlagenmodulen unbedingt erforderlich (*Bild 26*).

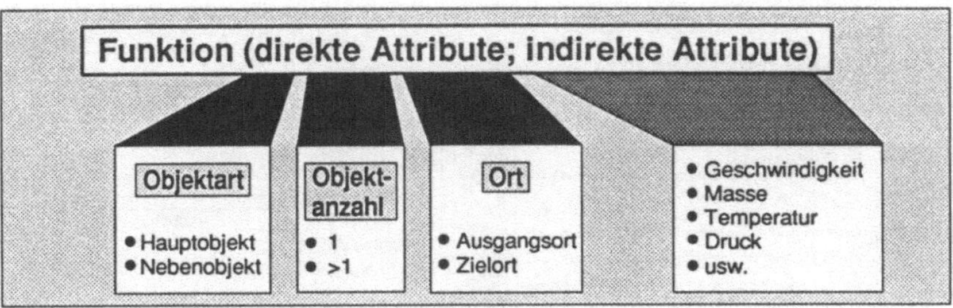

Bild 26:   Klassifikation der Funktionsattribute

Die direkten Attribute leiten sich wie folgt ab. Aufgabe von Funktionen ist es, etwas zu bewirken bzw. zu verändern. Der Einfluß der Funktionen muß sich deshalb auf bestimmte *Objekte* (typischerweise Produkte) erstrecken, die den Funktionen unmittelbar zuzuordnen sind. Ab einem bestimmten Detaillierungsgrad der Funktionen sind neben dem Produkt auch andere Objekte, wie Abfallstoffe, Magazine usw. von Interesse. Hinzu kommt, daß durch manche Funktionen das Produkt erst aus mehreren Teilen gebildet bzw. in unterschiedliche Objekte gegliedert wird. Für ein (auf eine Gesamtfunktion bezogenes "vollständiges") Produkt wird deshalb der Begriff *Hauptobjekt* und für alle anderen Objekte der Begriff *Nebenobjekt* eingeführt.

Eng mit den Objekten verknüpft ist die *Objektanzahl*, die innerhalb eines für die Funktion relevanten Zeitraums angibt, wieviele Objekte z. B. zeitgleich für die Ausführung bestimmter Funktionen erforderlich sind. Viele konstruktiven Lösungen, beispielsweise Magazine oder Greifer, hängen von dieser Information ab. Die Angabe des *Ortes* drückt aus, daß Funktionen zu ihrer Ausführung eine definierte räumliche Zuordnung benötigen (Prüfbereich usw.), ohne bereits konstruktiv vorwegzunehmen, in welchem Anlagenmodul die Funktion realisiert werden soll. Da Funktionen, die Bewegung ausdrücken, immer eine Ausgangs- und eine Endposition einnehmen, müssen in diesem Fall *Ausgangs-* und *Zielort* als Attribute verwendet werden.

5.1.2   Einzelschritte der funktionellen Analyse

Die abgeleiteten Einzelschritte der funktionellen Analyse zeigt (*Bild 27*).

Bild 27:   *Einzelschritte der funktionellen Analyse*

❏   Ermittlung und Dekomposition von Funktionen

Um die Funktionsstrukturen der zu konzipierenden Anlagen aufstellen zu können, sind alle Funktionen durch Dekomposition zu ermitteln. Ausgehend von der Gesamtfunktion werden so schrittweise Funktionen mit niedrigerem Detaillierungsgrad in Funktionen mit höherem Detaillierungsgrad umgewandelt ("aufgelöst"). Die Dekomposition ist in der Regel sowohl für die normalen als auch für die nicht-normalen Funktionen mehrfach durchzuführen, um einen ausreichenden Detaillierungsgrad zu erhalten.

❏   Zuordnung von Attributen zu Funktionen

Die Zuordnung von Attributen zu Funktionen muß für jede Funktion erfolgen. Die Angabe der direkten Attribute ist jeweils Voraussetzung zur weiteren Dekomposition, wogegen die indirekten Attribute den Funktionen zu einem beliebigen Zeitpunkt zugeordnet werden können.

❏   Bildung und Auswahl von Funktionssequenzen

Da der Dekompositionsvorgang ein überwiegend kreativer Prozeß ist, entstehen die detaillierteren Funktionen i. d. R. nach keinem bestimmten Schema und liegen daher ungeordnet vor.

Um einen Überblick über die funktionelle Wirkungsweise der Anlage - soweit zum jeweiligen Zeitpunkt möglich - zu erhalten, sollten die durch Dekomposition entstandenen detaillierten Funktionen in einen zeitlichen/logischen, d. h. ablauforientierten Zusammenhang gebracht werden. Unter den entstehenden, oft alternativen Funktionssequenzen ist jeweils die "optimale" Variante hinsichtlich Reinraumtauglichkeit, Automatisierbarkeit usw. auszuwählen.

Zusätzlich zu den Einzelschritten der funktionellen Analyse sind weitere Schritte erforderlich, um eine vollständige funktionelle Analyse für eine Anlage durchführen zu können.

❐   Wahl des Betriebsmodus

Im Gegensatz zur Konzeption von Anlagen für Anwendungen außerhalb der Reinraumtechnik spielt die Wahl des Betriebsmodus innerhalb der Reinraumtechnik eine wichtige Rolle. Deshalb ist ein entsprechender Schritt im Rahmen der Anlagenkonzeption auszuführen, um z. B. die mit Nicht-Normalfunktionen verbundene Partikelkontaminationsproblematik berücksichtigen zu können. Art und Attribute sämtlicher Funktionen (Gesamtfunktion und Teilfunktionen) hängen grundsätzlich davon ab, ob die Anlage im normalen Produktionsbetrieb arbeitet oder im nicht-normalen Betriebsmodus instand gehalten, umprogrammiert oder umkonfiguriert wird.

❐   Optimierung von Funktionsstrukturen

Zur Verringerung der Komplexität und damit zur Erhöhung der Funktionssicherheit, zur Erleichterung der Automatisierbarkeit und zur Steigerung der Reinraumtauglichkeit sind Funktionen, Funktionssequenzen sowie Funktionsnetze zu optimieren. Als Ergebnis der Optimierungsmaßnahmen ergeben sich für beide Betriebsmodi einfachere, standardisiertere und besser abgestimmte Funktionsnetze.

❐   Beurteilung der Reinraumtauglichkeit von Funktionsstrukturen

Die resultierende Reinraumtauglichkeit der Funktionsnetze bzw. ihrer Funktionssequenzen und Funktionen ergibt sich aus einem komplexen Zusammenspiel von Funktionsarten, Funktionsattributen und Funktionssequenzen mit den unterschiedlichsten Auswirkungen und Abhängigkeiten. Zusätzlich muß auch die Reinraumtauglichkeit etwaiger von Anfang an vorgesehener bewährter technischer Lösungen abgeschätzt werden können. Aus diesen Gründen ist die Bewertung der Reinraumtauglichkeit ein wichtiger Schritt der funktionellen Analyse.

5.1.3   Struktur der grundsätzlichen Vorgehensweise

Die Struktur der grundsätzlichen Vorgehensweise zur funktionellen Analyse ergibt sich aus den beschriebenen Einzelschritten, dem generellen Vorgehen bei konstruktiven Aufgabenstellungen und dem allgemeinen Problemlösungsverhalten. Grundprinzip der Vorgehensweise ist der Top-down-Ansatz zur Dekomposition von Funktionen, wobei jede Detaillierungsstufe einer Vorgehensphase entspricht. In jeder Phase werden alle Funktionen bzw. bekannten technischen Lösungen der zugehörigen Abstraktionsebene ermittelt, für die weitere Analyse aufbereitet, vervollständigt und optimiert. Die abgeleiteten Einzelschritte sind grundsätzlich für jede Vorgehensphase geeignet, wobei es in Abhängigkeit vom Detaillierungsgrad der Funktionen, dem Betriebsmodus, dem Objekt der Funktionen sowie den Randbedingungen teilweise keinen Sinn macht, in jede Phase alle Schritte zu integrieren (*Bild 28*).

Wegen der grundlegenden Bedeutung des Betriebsmodus für die Funktionsstruktur kann dessen Auswahl nur in der ersten Phase ("Gesamtfunktion") erfolgen. Weil in dieser Phase die Gesamtfunktion erst ermittelt wird, machen eine Dekomposition sowie die Bildung, Auswahl und Optimierung von Funktionssequenzen bzw. Funktionen keinen Sinn. Da nur eine einzige Funktion vorliegt, ist auch die Beurteilung der Reinraumtauglichkeit überflüssig. Eine nähere Beschreibung der Gesamtfunktion erfolgt durch die Zuordnung von Attributen. Hierbei ist zu beachten, daß sich eine Gesamtfunktion ausschließlich auf das Hauptobjekt (im Normalbetrieb einer Anlage ist dies das Produkt) bezieht.

In der zweiten Phase werden die normierten Basisfunktionen ermittelt und ihre Attribute zugeordnet. Da in dieser Phase mehrere Funktionen abgeleitet werden, ist es erstmals möglich, Funktionssequenzen zu bilden und auszuwählen. Der Detaillierungsgrad der Funktionen sowie ihre Zahl sind jedoch noch zu gering, um bereits zu diesem Zeitpunkt Funktionen bzw. Funktionssequenzen sinnvoll optimieren zu können. Eine Beurteilung der Reinraumtauglichkeit ist in dieser Phase erstmals möglich.

Innerhalb der nachfolgenden Vorgehensphasen zur Ermittlung der detaillierten Teilfunktionen und der Elementarfunktionen können bis auf die Wahl des Betriebsmodus alle Vorgehensschritte angewendet werden. Zahl und Detaillierungsgrad der Funktionen sind groß genug, um zusammen mit den immer vollständiger werdenden Attributen zahlreiche Funktionen und Funktionssequenzen ableiten, bewerten und optimieren zu können.

In der letzte Vorgehensphase werden die Funktionsnetze beider Betriebsmodi gemäß den Prinzipien der Optimierung von Funktionsstrukturen bei Bedarf optimiert.

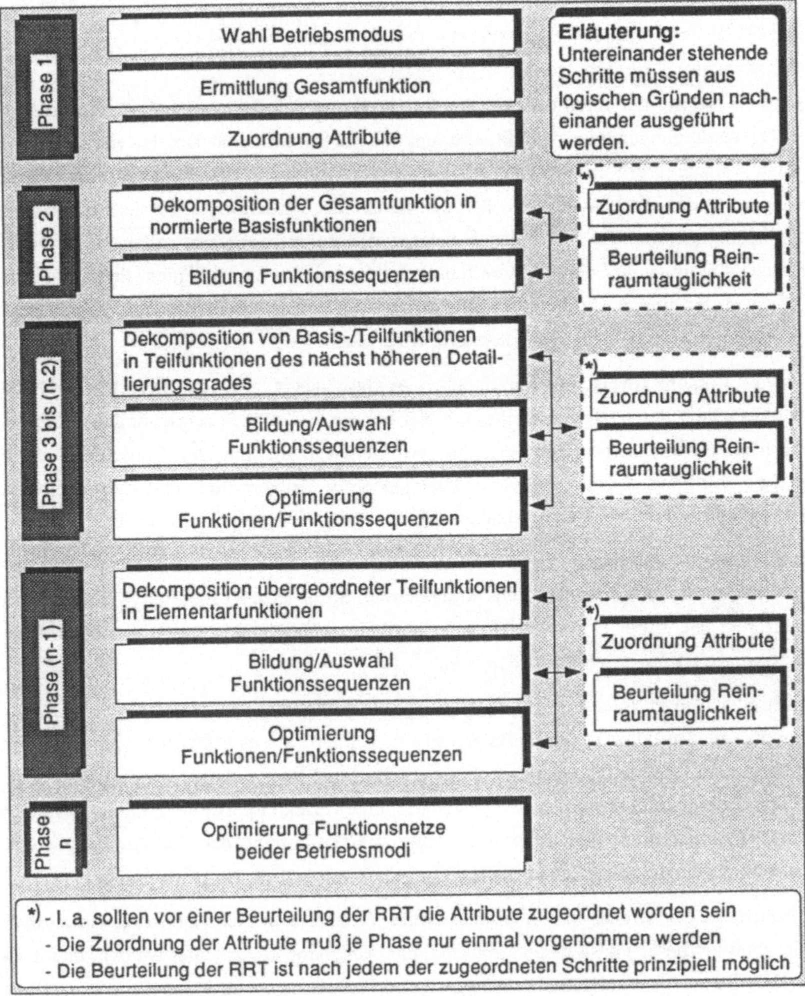

Bild 28: Grundsätzliche Vorgehensweise zur funktionellen Analyse

5.1.4 Anwendung der grundsätzlichen Vorgehensweise

Die hergeleitete grundsätzliche Vorgehensweise ist für alle automatischen reinraumtauglichen Fertigungsanlagen/-zellen allgemeingültig. Ob gewisse Schritte ausgelassen werden können, Schritte iterativ oder aufgrund einer Vielzahl von Funktionen in jeder Phase entsprechend häufig anzuwenden sind, hängt nicht nur vom Vorwissen des Anwenders sondern auch von der Komplexität der Gesamtfunktion sowie den Anforderungen und Randbedingungen ab. Dies bedeutet, daß bei jeder funktionellen Analyse die Vorgehensweise individuell angewendet und strukturiert werden muß (*Bild 29*).

Sofern zu Beginn der funktionellen Analyse ausreichend Informationen wie Anforderungen/Randbedingungen oder teildefinierte funktionelle Strukturen, beispielsweise von bestehenden Anlagen, vorliegen, können Phasen bzw. Schritte der Vorgehensweise auch übersprungen werden. Wenn sehr einfache Funktionen oder vordefinierte technische Lösungen (z. B. Komponenten, die von anderen Anlagen übernommen werden sollen) anzuwenden sind, ist es möglich, auf detailliertere funktionelle Analysen zu verzichten. Sobald in einer Phase mehr als eine Funktion oder Funktionssequenz zu analysieren ist, sind die zugehörigen Vorgehensschritte entsprechend häufig anzuwenden.

Wie die "Vorgehensweise zur funktionellen Analyse" zeigt, gibt es innerhalb jeder Phase (mit Ausnahme der letzten) Schritte, die aus logischen Gründen sequentiell auszuführen sind. Eine Gesamtfunktion kann nur dann ermittelt werden, wenn der Betriebsmodus der Anlage zuvor gewählt wurde. Attribute lassen sich nur dann ermitteln und zuordnen, wenn die entsprechenden Funktionen bekannt sind.

Bis auf die erste und letzte Phase enthalten alle Vorgehensphasen auch Schritte, die nicht in einer bestimmten Reihenfolge auszuführen sind. So ist es z. B. möglich, Teilfunktionen nicht direkt nach ihrer Ermittlung weitere Attribute zuzuordnen, sondern erst dann, wenn Funktionssequenzen gebildet worden sind.

In fast allen Phasen müssen die einzelnen Schritte mehrfach angewendet werden. Die Zuordnung von Attributen muß mindestens so oft erfolgen, wie es Funktionen gibt bzw. wie Attribute modifiziert werden müssen. Dies ist jedoch nur dann möglich, wenn alle Funktionen der übergeordneten Ebene nacheinander durch Dekomposition detailliert wurden. Auch die Optimierung von Funktionen sowie die Beurteilung der Reinraumtauglichkeit müssen in der Regel mehrfach erfolgen.

Da innerhalb der dritten Vorgehensphase eine Vielzahl von Nebenobjekten vorkommen kann, muß ab dieser Phase gezielt auf mögliche Nebenobjekte geachtet werden, damit die funktionelle Analyse vollständig und aussagekräftig wird. Die für jedes Nebenobjekt notwendige eigene funktionelle Analyse sollte jedoch nur dann ausgeführt werden, wenn die Analyse des Hauptobjektes sowie aller zuvor identifizierten Nebenobjekte abgeschlossen ist. Es ist somit leichter möglich, die Analyseergebnisse übersichtlich darzustellen und den Überblick zu bewahren.

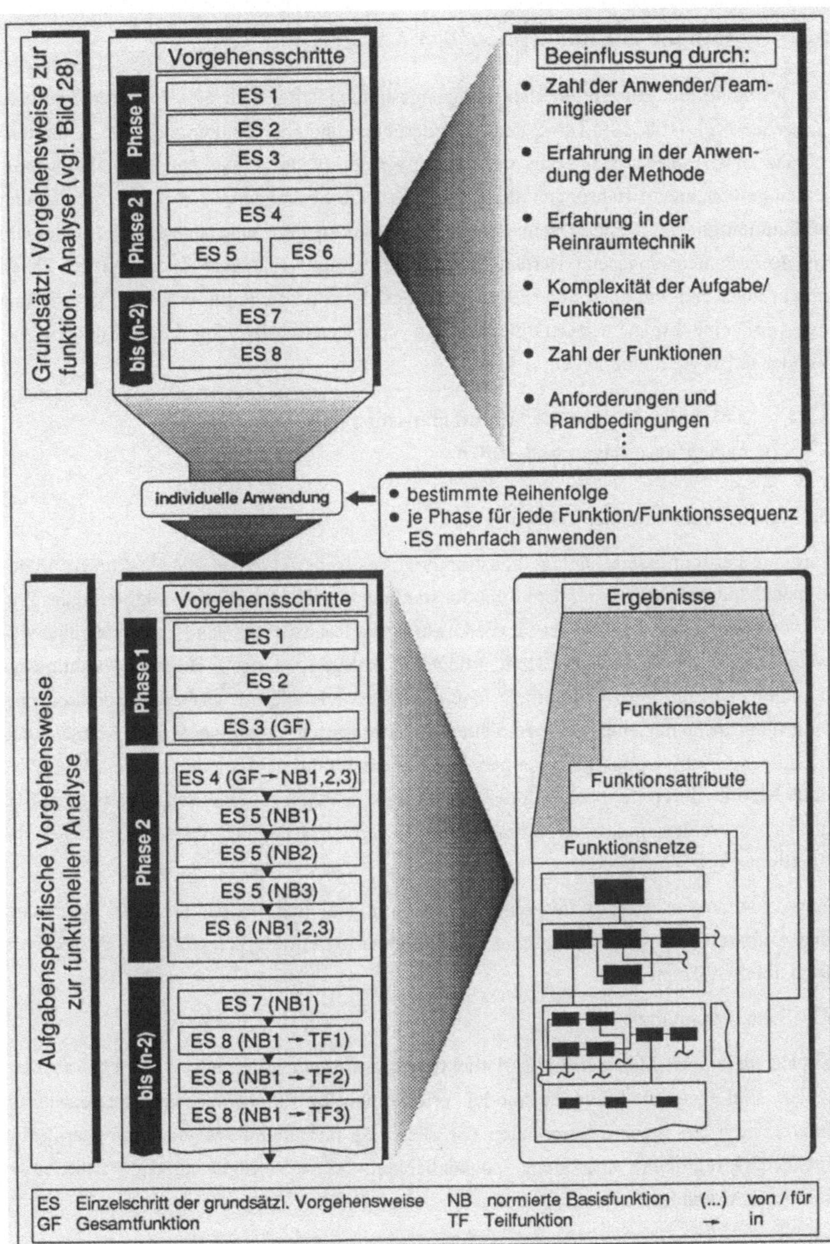

Bild 29: Aufgabenspezifische Anwendung der grundsätzlichen Vorgehensweise

5.2 Methode zur konzeptionellen Anlagengestaltung

Die Methode zur konzeptionellen Anlagengestaltung leitet sich aus dem konstruktiven Vorgehen (vgl. /108, 109, 145/), den Anforderungen und Randbedingungen der Reinraumtechnik bzw. reinraumtauglicher Anlagen sowie den in der Praxis bei Entwicklungsprojekten gewonnenen Erfahrungen ab. Hierdurch ist die Lösungsvielfalt bei der Entwicklung reinraumtauglicher Fertigungsanlagen im Vergleich zu Fertigungsanlagen, die außerhalb von Reinräumen eingesetzt werden, stark eingeschränkt. Trotzdem sind in vielen Fällen immer noch mehrere alternative Lösungen möglich, so daß eine individuelle Priorisierung bzw. ggf. eine Ergänzung/Detaillierung von Vorgehensschritten im Einzelfall vom Anwender selbst vorzunehmen ist.

5.2.1 Ableitung der Module für automatische reinraumtaugliche Fertigungsanlagen und -zellen

5.2.1.1 Modularten und -struktur

Um eine Fertigungszelle/-anlage konstruktiv zu realisieren, werden alle Funktionen in geeignete Module mit variierendem Funktionsumfang überführt. Nach Erkenntnissen der Praxis sowie der Literatur /140/ ist für die konstruktive Realisierung von Funktionen eine Abweichung der physischen von der funktionellen Anlagenstruktur, z. B. durch Funktionsintegration, typisch. Dies verdeutlicht, daß zumindest Module mit größerem Funktionsumfang nicht mehr nur eine sondern mehrere Funktionsarten in sich vereinigen können, also Module nur schwerpunktmäßig einen bestimmten Funktionscharakter aufweisen. Da jedoch Module durch die Nennung des schwerpunktmäßigen Funktionscharakters technisch gut zu beschreiben sind, werden diese analog zu den korrespondierenden normierten Basisfunktionen bezeichnet.

Zur konstruktiven Realisierung einer Fertigungsanlage sind aus der Sicht der Reinraum- und Automatisierungstechnik noch weitere Modularten erforderlich (*Bild 30*), die sich wie folgt ableiten lassen:

❑ Steuerungsmodule

Sobald diejenigen Module, die Basisfunktionen ausführen, automatisch betrieben werden sollen, sind geeignete Steuerungsmodule erforderlich. Im Rahmen der Anlagenkonzeption interessieren bei Steuerungsmodulen vor allem die reinraumrelevanten Parameter Volumenbedarf, räumliche Anordnung, Zugänglichkeit, äußere Formgebung und Partikelemission (z. B. durch Lüfter).

❑ Strukturmodule

Sämtliche Module einer Anlage müssen in reinraumgerechter Weise räumlich angeordnet werden, um beispielsweise die lokalen Strömungsbedingungen möglichst nicht zu stören.

Dies ist in der Reinraumtechnik besonders wichtig, da z. B. die Richtung einer Strömung, die Zugänglichkeit oder der Platzbedarf auf die Partikelkontamination oder den wirtschaftlichen Betrieb einer Anlage großen Einfluß ausüben. Es lassen sich deshalb die Strömung gezielt beeinflussende Module (Leitbleche o. ä.) und Gehäuse sowie Verbindungselemente zwischen beliebigen Modulen definieren. Gehäuse beeinflussen vor allem durch ihre Formgebung und den Grad an Luftdurchlässigkeit die lokalen Strömungen und Partikelkonzentrationen. Bei den Verbindungselementen dagegen ist hauptsächlich ihre Geometrie und die damit erzeugte räumliche Modulanordnung von Bedeutung. Je nach Auslegung von Verbindungselementen können Partikeln emittierende Module günstig oder ungünstig zum Produkt plaziert werden.

❑ Materialflußschnittstellen-Module

Materialflußschnittstellen sind aufgrund ihrer Produktnähe und typischerweise stark variierenden Ausführung wichtig und kritisch (vgl. /70, 146/). Dies liegt einerseits am Laborcharakter vieler Produktionen mit verschiedenen, oft nicht verketteten und z. T. mehrmals in unterschiedlicher Reihenfolge zu durchlaufenden Anlagen sowie dem häufig heterogenen Anlagenbestand, was Gesamtfunktion, technische Ausführung und Hersteller angeht.

Die Anforderungen an Materialflußschnittstellen sind in der Reinraumtechnik besonders hoch, da viele als Schleusen auszuführen sind, um z. B. heiße, toxische oder hochreine Bereiche von der Umgebung zu isolieren. Die bewegten Module der Schnittstellen selbst sollten keine Partikeln emittieren, da die Produkte im Bereich der Schnittstellen oft ohne jeden Kontaminationsschutz sind, wenn zum Beispiel ein Umsortieren von Transport- in Prozeßmagazine stattfindet.

Zur Erarbeitung eines Anlagenkonzeptes sind sämtliche Module zu gruppieren und in einen hierarchischen Zusammenhang zu bringen. Je niedriger die Hierarchieebene ist, desto geringer ist der Funktionsumfang der anzuordnenden Module. Aufgrund der Bedeutung von Bewegungen bzw. von Handhabungs-/Transportfunktionen für die Automatisierung und wegen des großen Einflusses auf die Anlagenreinraumtauglichkeit ist eine übergeordnete Klassifikation aller Module, die keine Steuerungsfunktionen erfüllen, erforderlich. Diese unterscheidet Module, die überwiegend Bewegungen realisieren (dynamische Module), und Module, die einen überwiegend statischen Charakter aufweisen.

Da der von einer Anlage zu realisierende Aufgabenumfang (Funktionsgehalt der Gesamtfunktion) sehr unterschiedlich sein kann, schwanken Zahl und Hierarchiestufen der Module einer Anlage sehr stark. Es ist somit nicht möglich, für automatische reinraumtaugliche Fertigungsanlagen eine feste Anzahl von Hierarchieebenen im vorhinein zu definieren.

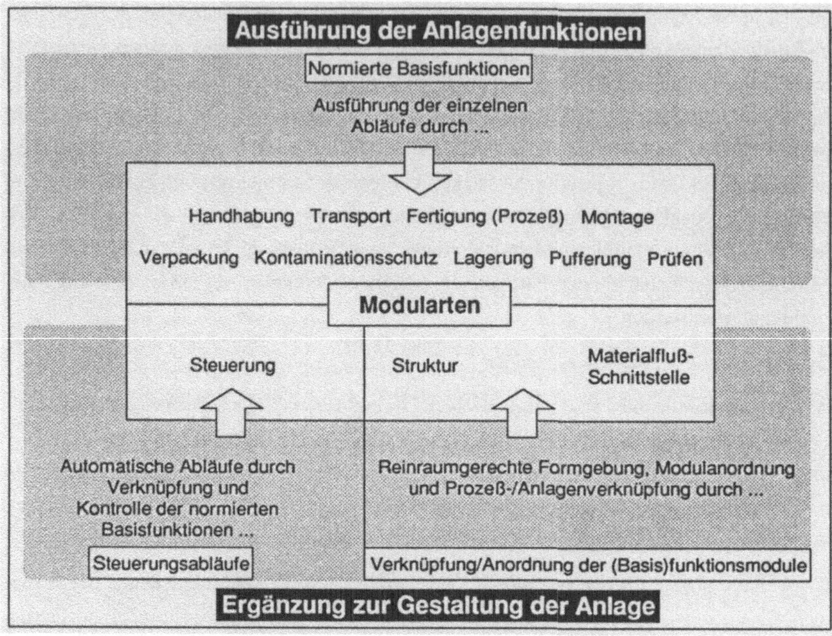

Bild 30:   Ableitung der Modularten zur konzeptionellen Gestaltung

Wie auch bei der Bezeichnung der Funktionen macht es wenig Sinn, über die angegebenen Modularten hinaus für bestimmte Module feste Bezeichnungen zu wählen und diese dem Anwender vorzuschreiben. Zum einen würden derartige Formalien - wie die Erfahrung zeigt - kaum akzeptiert werden. Zum anderen ist es, vor allem auf höheren Hierarchiestufen, die Module mit nahezu beliebigen Funktionskombinationen enthalten können, kaum möglich, alle Module im voraus zu ermitteln und diesen spezifische Namen zuzuordnen.

5.2.1.2 Attribute von Modulen

Die Auflistung von Funktionen, die ein bestimmtes Modul erfüllen soll, definiert dieses noch nicht vollständig. Wie auch bei den Funktionen sind die Module z. B. bezüglich ihrer Geometrie, ihres Leistungsvermögens oder ihrer Reinraumeigenschaften nur dann vollständig beschrieben, wenn Zusatzinformationen vorliegen. Diese werden den einzelnen Modulen als Attribute direkt zugeordnet.

Die Modulattribute sind wie die Funktionsattribute von unterschiedlicher Bedeutung, was z. B. den Einfluß auf die Reinraumtauglichkeit angeht. Analog zu den Funktionsattributen lassen sich deshalb *direkte* und *indirekte* Modulattribute unterscheiden.

Die direkten Modulattribute beinhalten die korrespondierenden direkten Funktionsattribute vollständig und sind lediglich noch um die die Reinraumtauglichkeit unmittelbar betreffenden Attribute *Partikelemission* (bei dynamischen Modulen) und *Ausgasungsrate* (sofern relevant) zu ergänzen. Die indirekten Modulattribute schließen die entsprechenden Funktionsattribute ebenfalls vollständig mit ein. Auch in diesem Fall sind diese durch die Reinraumtauglichkeit betreffenden Attribute wie *Immissionszeiten* des Produktes (Liege-, Transport-, Prozeßzeiten usw.) oder *Entfernungen* zu potentiellen Partikelquellen zu vervollständigen.

5.2.2 Einzelschritte der konzeptionellen Anlagengestaltung

Die Einzelschritte zur konzeptionellen Anlagengestaltung sind in *Bild 31* - unabhängig von einer Ablauflogik (Vorgehensweise) - wiedergegeben. Sie leiten sich aus dem konstruktionsmethodischen Vorgehen /108, 109, 145/ (Abmessungen, äußere Struktur, Lösungsprinzip, Layout usw.), der Materialflußtechnik (Arbeits-/Bewegungsraum, Schnittstellen usw.) sowie den Anforderungen und Randbedingungen der Reinraumtechnik (z. B. zusätzlicher Kontaminationsschutz oder Beurteilung der Reinraumtauglichkeit) ab. Wegen des unterschiedlichen Detaillierungsgrades von konzeptioneller Grob- und Feingestaltung sind bei der Grobgestaltung nicht alle Einzelschritte anwendbar. Um die unterschiedlichen Detaillierungsgrade der Grob- und Feingestaltung bereits in den Bezeichnungen der Einzelschritte auszudrücken, können diese spezifisch benannt werden. Der Einzelschritt "Kalkulation Materialfluß" wird beispielsweise bei der Grobgestaltung "Grobkalkulation..." und bei der Feingestaltung "Feinkalkulation..." genannt.

Die aus der Sicht der Automatisierungs- und Reinraumtechnik wichtigsten Einzelschritte werden im folgenden erläutert.

❏ Definition der Fertigungszelle/-anlagen und ihrer Module

Um die konzeptionelle Gestaltung durchführen zu können, sind nach und nach alle Module der Fertigungsanlage/-zelle zu definieren. Hierzu müssen geeignete Funktionen identifiziert bzw. Gruppen von Funktionen/Funktionssequenzen gebildet werden, die den jeweils optimalen Aufgabenumfang repräsentieren. Dieser Schritt besitzt eine große Bedeutung, da die Moduldefinition, bzw. die Lage von Schnittstellen zwischen Funktionen und damit auch zwischen den Modulen, einen großen Einfluß auf die spätere Anlagengestaltung ausübt. Mit diesem Schritt wird der Übergang von der Funktionsdarstellung zu technischen Lösungen vollzogen. Aufgrund der Partikelemissionsproblematik erfolgt dabei eine getrennte Betrachtung von Modulen, die hauptsächlich Materialflußaufgaben übernehmen bzw. "Bewegung" in irgendeiner Form erzeugen oder zulassen, und den übrigen Modulen.

Einzelschritt — Relevanz für... KGG / KFG

Einzelschritt	KGG	KFG
Definition Fertigungszelle /-anlage, Module	●	●
Kalkulation Materialfluß	●	●
Gestaltung Schnittstellen	●	●
Ableitung reinraumtaugliches Layout	●	●
Definition reinraumtauglicher Arbeits-/Bewegungsraum	●	●
Ermittlung Kinematik	●	●
Ermittlung reinraumtaugliches Lösungsprinzip	○	●
Ermittlung reinraumtauglicher Materialien	○	●
Überprüfung Bedarf zusätzlichen Kontaminationsschutzes	○	●
Ermittlung Abmessungen	●	●
Definition reinraumrelevanter Herstellungsspezifikationen	○	●
Beurteilung Reinraumtauglichkeit	○	●
Gestaltung Struktur zwischen Modulen	○	●
Gestaltung äußere Struktur	●	●
Harmonisierung Module	●	●
Integration in übergeordnetes System	●	●

KGG... Konzeptionelle Grobgestaltung   KFG... Konzeptionelle Feingestaltung

● hoch   ○ niedrig

Bild 31:   Einzelschritte der konzeptionellen Gestaltung

☐   Ableitung eines reinraumtauglichen Layouts

Sobald auf einer Detaillierungsebene bei mehreren Anlagen/-modulen wesentliche Eigenschaften bekannt bzw. deren Lösungsprinzipien definiert sind, können diese in einen reinraumspezifischen, dreidimensionalen räumlichen Zusammenhang gebracht werden. Hierdurch wird die konzeptionelle Gestaltung übergeordneter Module sowie der gesamten Anlage ermöglicht. Einflußfaktoren auf eine Layoutanordnung sind beispielsweise zur Verfügung stehende Grundflächen, Materialflußintensitäten, Zugänglichkeiten, Arbeitssicherheit, Ergonomie usw. /147/. Aus reinraumtechnischer Sicht besonders wichtig ist die Anordnung von dynamischen, partikelerzeugenden Modulen, Puffern, Materialflußschnittstellen usw., da diese großen Einfluß auf die lokalen Strömungsverhältnisse und die Partikelkontaminationsgefahr für die Produkte ausübt.

❏　　Definition des reinraumtauglichen Arbeits- und Bewegungsraums

Sobald erste Layouts von (statischen) Modulen vorliegen, die beispielsweise von einem dynamischen Modul bedient werden sollen, können dessen Arbeits- und Bewegungsräume nach den Kriterien der Reinraumtauglichkeit bestimmt werden. Hierfür sind zusätzlich Informationen über Schnittstellen (vor allem Materialflußschnittstellen), die Zugänglichkeit von Modulen (abgeleitet aus Layout und Randbedingungen), das Mengenaufkommen des Materialflusses sowie den zeitlichen Ablauf, den das dynamische Modul realisieren soll, erforderlich.

❏　　Ermittlung der Kinematik

Nach der Definition des Arbeits- und Bewegungsraums ist es möglich, die Kinematik des dynamischen Moduls zu bestimmen. Die kinematische Konfiguration eines dynamischen Moduls richtet sich in erster Linie an der Gestalt des Arbeitsraums, den notwendigen Freiheitsgraden des Handhabungs-/Transportobjektes sowie den räumlichen Randbedingungen aus. Um die Partikelkontaminationsgefahr und die mechanische Komplexität zu minimieren, sollten so wenige Bewegungsachsen wie möglich und vorzugsweise rotatorische Achsen vorgesehen werden (vgl. /28/).

❏　　Ermittlung von reinraumtauglichen Materialien

In engem Zusammenhang mit der Ermittlung eines Lösungsprinzips steht die für reinraumtaugliche Anlagen besonders wichtige Wahl geeigneter Materialien /28, 98, 100/, da diese Lebensdauer und Partikelemissionsverhalten von Modulen stark beeinflussen. Bei bewegten Modulen geht es immer um die Wahl einer Materialpaarung, da die emittierten Partikeln einer Reibstelle das Ergebnis eines Verschleißvorgangs sind, an dem beide Reibpartner beteiligt sind.

❏　　Beurteilung der Reinraumtauglichkeit

Sobald Lösungsprinzipien kombiniert wurden bzw. Layouts vorliegen und ein Modul in seinen wesentlichen Eigenschaften definiert ist, sollte die Reinraumtauglichkeit der Lösungen beurteilt werden. Während bisher die Bewertung der Reinraumtauglichkeit von Modulen und Anlagen meist im nachhinein, also nach ihrer Herstellung, in der Regel mittels experimentellen Partikelemissionsuntersuchungen erfolgte, ist es mit diesem Schritt möglich, bereits zu einem frühen Zeitpunkt eine Einschätzung der Reinraumtauglichkeit als wichtiges Bewertungs- und Auswahlkriterium zu erhalten.

❑   Gestaltung der Struktur zwischen Modulen

Die reinraumtaugliche räumliche Anordnung, wie sie im Layout bestimmt wurde, muß technisch realisiert werden. Da die Verbindungstechnik bei Modulen die Reinraumtauglichkeit der Anlage stark beeinflussen kann, muß auf ihre Gestaltung eine besondere Sorgfalt verwendet werden. Die mechanische Verbindung von Modulen darf weder Partikeln generieren oder die lokalen Strömungsverhältnisse in produktnahen Bereichen negativ beeinflussen (Strömungsaufstau, -umlenkung oder -verwirbelung) noch die Zugänglichkeit und Austauschbarkeit von Modulen (z. B. im Instandhaltungsfall) erschweren.

❑   Gestaltung der äußeren Struktur

Gerade in der Reinraumtechnik kommt der äußeren Struktur eines Moduls eine besondere Bedeutung zu. Sie beeinflußt vor allem die lokale bzw. anlageninterne Strömung, die Partikelemission bzw. -kontamination und die Reinigungseigenschaften. Die Struktur selbst sollte ebenfalls keine Partikel generieren und auch geeignete elektrostatische Eigenschaften besitzen.

5.2.3   Struktur der grundsätzlichen Vorgehensweise

Eine Analyse der reinraumspezifischen Anforderungen und Randbedingungen zeigt, daß sich konzeptionelle Grob- und Feingestaltung nicht nur im Detaillierungsgrad, sondern auch durch die notwendige Vorgehensphilosophie unterscheiden müssen. Diese wird in erster Linie durch die Bedeutung der Einflußfaktoren Platzmangel im Reinraum, Optimierungsbedarf der Partikelkontamination sowie Dominanz der Materialflußmodule bestimmt.

Die Grobgestaltung hat zum Ziel, unter den gegebenen räumlichen Randbedingungen wichtige Anlagenmodule in kurzer Zeit in einem relativ niedrigen Detaillierungsgrad mit den wichtigsten Eigenschaften zu beschreiben. In diesem Fall bietet sich deshalb ein Vorgehen von "außen nach innen" (top-down) zwangsweise an.

Die Feingestaltung dagegen muß die Anlage und ihre Module auf konzeptionellem Niveau detailliert und vollständig beschreiben, wobei z. B. Prozeßmodule sowie häufig auch dynamische Module besonders wichtig sind. Um einen optimalen Materialfluß, eine sehr gute Reinraumtauglichkeit (vgl. /67/) sowie einen kompakten, strömungsgerechten Aufbau zu gewährleisten, empfiehlt es sich hier, auf der Basis der Ergebnisse der Grobgestaltung von "innen nach außen" (bottom-up) vorzugehen (*Bild 32*).

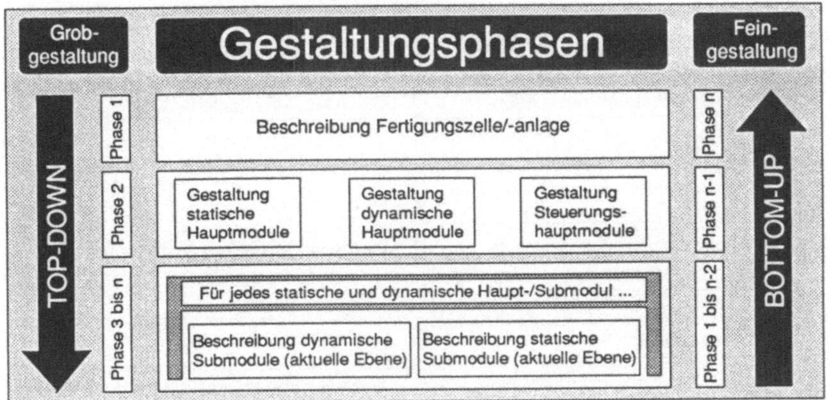

Bild 32: Vorgehensphilosophie und -phasen bei der konzeptionellen Gestaltung

Die einzelnen Vorgehensphasen mit den jeweils anwendbaren Vorgehensschritten (vgl. *Bild 31*) der **konzeptionellen Grobgestaltung** zeigt *Bild 33*. In der ersten Phase der Grobgestaltung, die sich auf die Fertigungszelle/-anlage bezieht, sind zunächst die Systemgrenzen sowie der Materialfluß zu beschreiben, um zusammen mit der Abschätzung der Hauptabmessungen den Rahmen für die spätere Beschreibung der Hauptmodule zu bilden. Sofern der Funktionsumfang sehr groß ist oder es aus Anforderungen/Randbedingungen hervorgeht, ist zunächst eine Fertigungszelle zu definieren. Da diese vor allem eine organisatorische Einheit selbständiger Anlagen darstellt, kann in der Regel sofort nach der Definition der Fertigungszelle mit der konzeptionellen Grobgestaltung aller zugehörigen Anlagen begonnen werden. Falls es sich dabei um Handhabungs- bzw. Transportsysteme handelt, müssen, in Abhängigkeit reinheitsrelevanter Einflußfaktoren, auch Arbeits-/ Bewegungsräume sowie alternative Kinematiken betrachtet werden. Voraussetzung hierfür ist die Erarbeitung alternativer reinraumtauglicher Layouts für die vom Materialfluß betroffenen Anlagen.

In der zweiten Phase werden die Hauptmodule definiert und beschrieben. Hierfür sind, analog zur ersten Vorgehensphase, Materialfluß, Schnittstellen, Arbeits-/Bewegungsräume, alternative Kinematiken sowie Hauptabmessungen zu bestimmen. Hinzu kommt die Grobgestaltung der wichtigsten Schnittstellen der Hauptmodule. Es werden reinraumgerechte Layoutvarianten für die statischen Hauptmodule gebildet, in welche die dynamischen Hauptmodule - gegebenenfalls mit gesamtheitlicher Layoutoptimierung - integriert werden.

In den nachfolgenden Vorgehensphasen, in denen die Hauptmodule durch statische und dynamische Submodule (Phase 3) und diese wiederum ebenfalls durch statische und dynamische Submodule (Phase 4 bis n) beschrieben werden, ähnelt die Vorgehensweise der zweiten Phase.

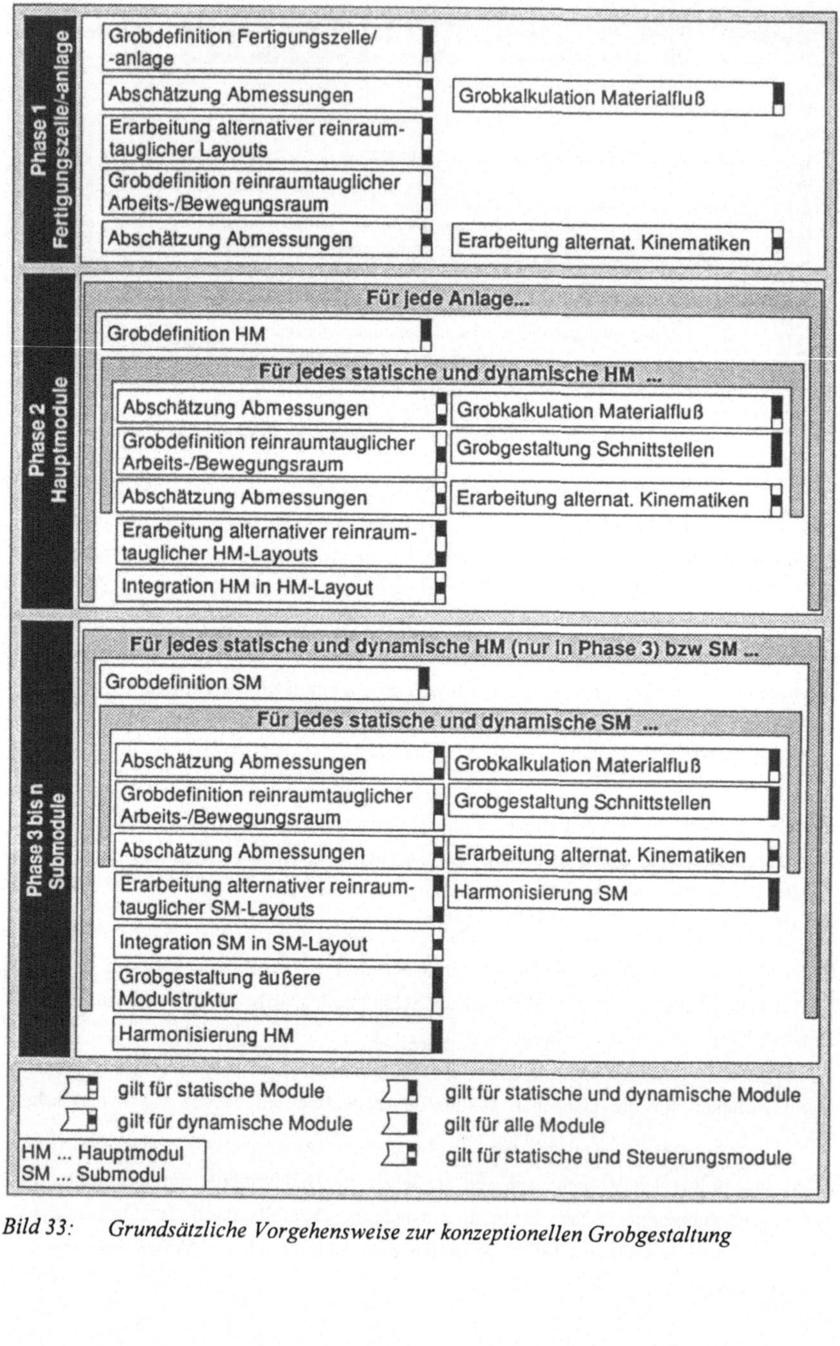

Phase 1 — Fertigungszelle/-anlage

Grobdefinition Fertigungszelle/-anlage

Abschätzung Abmessungen

Erarbeitung alternativer reinraumtauglicher Layouts

Grobdefinition reinraumtauglicher Arbeits-/Bewegungsraum

Abschätzung Abmessungen

Grobkalkulation Materialfluß

Erarbeitung alternat. Kinematiken

Phase 2 — Hauptmodule

Für jede Anlage...

Grobdefinition HM

Für jedes statische und dynamische HM ...

Abschätzung Abmessungen

Grobdefinition reinraumtauglicher Arbeits-/Bewegungsraum

Abschätzung Abmessungen

Erarbeitung alternativer reinraumtauglicher HM-Layouts

Integration HM in HM-Layout

Grobkalkulation Materialfluß

Grobgestaltung Schnittstellen

Erarbeitung alternat. Kinematiken

Phase 3 bis n — Submodule

Für jedes statische und dynamische HM (nur in Phase 3) bzw SM ...

Grobdefinition SM

Für jedes statische und dynamische SM ...

Abschätzung Abmessungen

Grobdefinition reinraumtauglicher Arbeits-/Bewegungsraum

Abschätzung Abmessungen

Erarbeitung alternativer reinraumtauglicher SM-Layouts

Integration SM in SM-Layout

Grobgestaltung äußere Modulstruktur

Harmonisierung HM

Grobkalkulation Materialfluß

Grobgestaltung Schnittstellen

Erarbeitung alternat. Kinematiken

Harmonisierung SM

---

gilt für statische Module

gilt für dynamische Module

gilt für statische und dynamische Module

gilt für alle Module

gilt für statische und Steuerungsmodule

HM ... Hauptmodul
SM ... Submodul

Bild 33: Grundsätzliche Vorgehensweise zur konzeptionellen Grobgestaltung

Aufgrund der größeren Anzahl der je Phase erzeugten Submodule und der größeren Lösungsvielfalt sind zusätzliche Harmonisierungsschritte erforderlich. Sobald mehrere Submodule bekannt sind, kann jeweils die äußere Form des zugehörigen übergeordneten Moduls grobgestaltet werden.

Bei der **konzeptionellen Feingestaltung** werden grundsätzlich dieselben Vorgehensphasen wie bei der Grobgestaltung durchlaufen, wobei neben der umgekehrten Vorgehensweise (bottom-up) mehr und detailliertere Schritte (vgl. *Bild 31*) auszuführen sind.

In den ersten Phasen der Feingestaltung werden die dynamischen und statischen Submodule übergeordneter statischer bzw. dynamischer Haupt-/Submodule detailliert betrachtet (*Bild 34*). Bei der Grobgestaltung festgelegte Materialflüsse, Arbeits-/Bewegungsräume und Kinematiken werden überarbeitet. Zusätzlich werden den einzelnen Submodulen bewährte reinraumtaugliche technische Lösungen oder Lösungsprinzipien und, darauf aufbauend, reinraumtaugliche Materialien bzw. Materialpaarungen zugeordnet. Abhängig davon können gegebenenfalls zusätzliche Kontaminationsschutzmodule definiert und vor allem die Materialflußschnittstellen detailliert werden. Auf dieser Basis können die Hauptabmessungen genau errechnet, die äußere Struktur (z. B. Gehäuse) detaillierter gestaltet und wichtige reinraumrelevante Herstellungsspezifikationen definiert werden. Zusätzliche wichtige Schritte der Feingestaltung stellen die Beurteilung der Reinraumtauglichkeit von Teillösungen oder vollständigen Submodulen dar.

Sobald auf einer Detaillierungsebene die zu einem übergeordneten Haupt-/Submodul gehörenden Submodule konzipiert sind, können die Layouts optimiert, erstmals die Verbindungsstrukturen zwischen den Modulen gestaltet und die Submodule harmonisiert werden. Abschließend kann die äußere Struktur des übergeordneten Moduls weiter detailliert werden.

Die Gestaltung der Hauptmodule erfolgt ähnlich wie in den vorhergehenden Phasen bei den Submodulen, d. h. Gestaltung der äußeren Struktur und der Struktur zwischen den Modulen. Da jedoch "vollständige" Submodule in die Hauptmodule integriert werden, müssen weder reinraumtaugliche Lösungsprinzipien noch Materialien definiert werden.

In der letzten Vorgehensphase zur Gestaltung der Fertigungszelle/-anlage geht es hauptsächlich um die Überprüfung/Feinkorrektur des Funktionsumfangs, des Materialflusses sowie - bei Handhabungs- oder Transportsystemen - um die Überprüfung des Arbeits-/Bewegungsraums, der Kinematik und der Materialflußschnittstellen.

Auch die genauen Abmessungen können, basierend auf den Anlagen/Hauptmodulen, ermittelt, die äußere Anlagenstruktur feingestaltet und wichtige reinraumrelevante Herstellungsspezifikationen definiert werden. Nachdem die Integrationsfähigkeit der Fertigungszelle/-anlage in die Produktionsumgebung gesichert ist, kann die resultierende Reinraumtauglichkeit der Anlage(n) ermittelt und beurteilt werden.

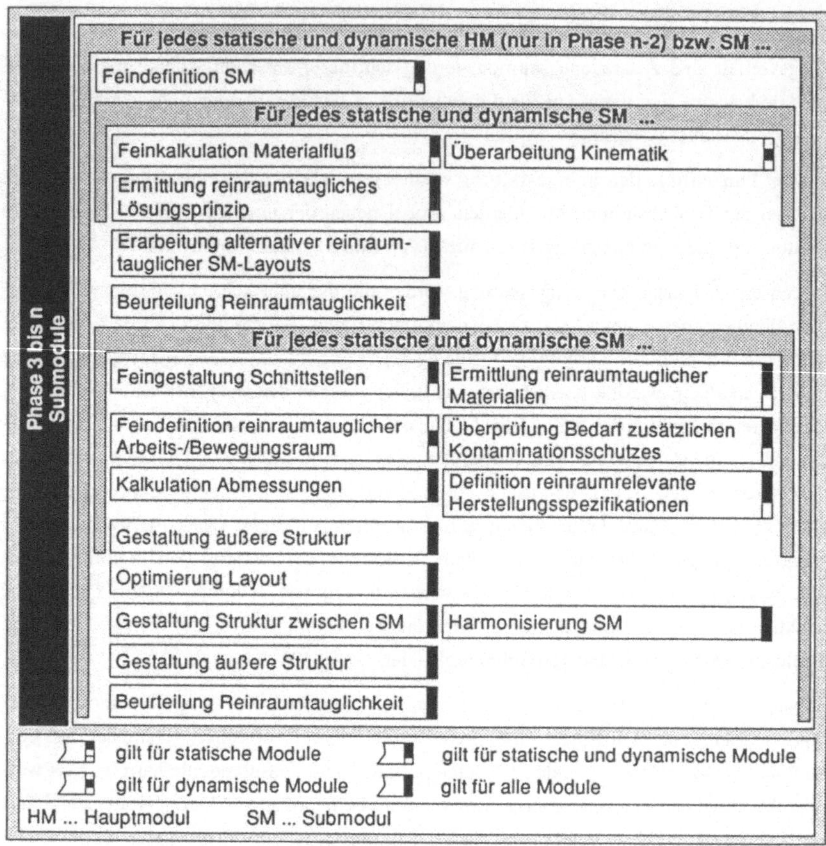

Bild 34: *Grundsätzliche Vorgehensweise während der ersten Phasen der konzeptionellen Feingestaltung*

5.2.4 Anwendung der grundsätzlichen Vorgehensweise

Durch die modulare Struktur der Vorgehensweise ist es zu jedem Zeitpunkt möglich, abhängig von der Aufgabenstellung, der Funktionskomplexität und verschiedener Randbedingungen, einzelne Vorgehensschritte oder -phasen zu überspringen. Selbstverständlich muß weder bei der konzeptionellen Grob- noch bei der Feingestaltung jede hierarchische Ebene der Anlage (vollständig) gestaltet werden. D. h. es ist zulässig, auf die konzeptionelle Gestaltung bestimmter (detaillierter) Module zu verzichten, wenn diese nicht wesentlich für die Anlage und ihre Eigenschaften sind und hierdurch die Entwicklungsdauer oder der -aufwand verringert werden können.

Die Vorgehensphasen bzw. -schritte sind entsprechend einer generellen Konzeptionslogik, also in Abhängigkeit davon, welcher Schritt von welchem anderen Schritt Informationen als Voraussetzung benötigt, gemischt sequentiell und parallel geordnet. Während bei sequentiellen Schritten die Reihenfolge ihrer Anwendung eingehalten werden muß, ist bei parallelen Schritten die Reihenfolge ihrer Anwendung ohne Einfluß auf das Ergebnis. Aufgrund der unterschiedlichen technischen Ausrichtung und Bedeutung der statischen und dynamischen Module sowie der Steuerungsmodule gelten nicht alle Schritte für jede Modulart.

Sobald auf einer Hierarchieebene mehrere Module gestaltet werden müssen, sind die modulspezifischen Schritte je Vorgehensphase mehrfach anzuwenden. Es ist dabei zu beachten, daß grundsätzlich jedes Modul (mit Ausnahme der Module der detailliertesten Ebene) statische *und* dynamische Submodule enthalten kann. Bei der Gestaltung dieser Submodule sollten jedoch, um die Übersicht zu wahren, die auf ein bestimmtes Modul anzuwendenden Schritte vollständig abgearbeitet werden, bevor ein anderes Modul gestaltet wird, also zwischen Modulen "gesprungen" wird.

Obwohl es - zumindest bei der konzeptionellen Feingestaltung - sinnvoll ist, die dynamischen Module wegen ihres starken Einflusses auf die Reinraumtauglichkeit zuerst zu gestalten, können (je nach Randbedingungen und z. B. bei komplexen statischen Modulen sowie bei kritischen Layouts) dynamische und statische Module auch im Wechsel konzipiert werden. Entsprechend der Vorgehensweise vieler Entwickler kann die Priorität statt auf dynamischen oder statischen Modulen selbstverständlich zunächst auch auf den "problematischsten" Modulen liegen. Gegebenenfalls können diese auch parallel zu den Hauptmodulen gestaltet werden.

6 Erarbeitung von Hilfsmitteln zur Anlagenkonzeption

6.1 Bildung und Optimierung von Funktionsstrukturen

6.1.1 Relevante Betrachtungsbereiche und Einflußfaktoren

Die Ableitung von Funktionsstrukturen kann in die übergeordneten Vorgänge *Bildung* und *Optimierung* untergliedert werden. Der zentrale Vorgang der Bildung von Funktionsstrukturen besteht aus der Dekomposition übergeordneter Funktionen, der zeitlichen oder logischen Zuordnung von Funktionen zu Funktionssequenzen sowie der Gruppierung von Funktionssequenzen zu Funktionsnetzen. Hinzu kommen noch Schritte zur Bewertung und Auswahl (vgl. Kap. 6.4) von möglichen alternativen (Teil-)Funktionsstrukturen (*Bild 35*).

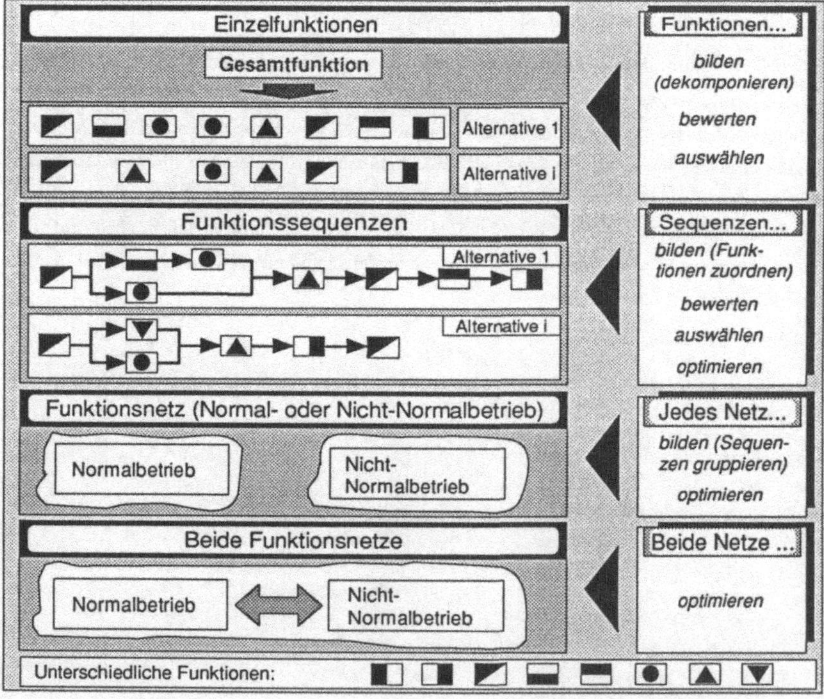

Bild 35:   Betrachtungsbereiche bei der Bildung und Optimierung von Funktionsstrukturen

6.1.2 Bildung von Funktionssequenzen

Die Bildung von Funktionssequenzen, d. h. die Zuordnung einzelner Funktionen, ist ein überwiegend kreativer und empirischer Prozeß. Dieser ist wegen der möglichen großen Zahl von Freiheitsgraden bei der Funktionsanordnung (sequentiell/parallel; Reihenfolge usw.) sowie des großen Einflusses von Funktionsarten und -attributen schwieriger, als die Dekomposition einzelner Funktionen oder die Gruppierung von Funktionssequenzen zu Funktionsnetzen und deshalb besonders zu unterstützen.

Es lassen sich einige grundsätzliche Maßnahmen ableiten, auf denen die Bildung von Funktionssequenzen basiert (*Bild 36*). Die Maßnahmen können in beliebiger Kombination zur Anwendung kommen und beziehen sich auf die vier übergeordneten Merkmale einer Funktionssequenz: Funktionsanzahl, Funktionsarten, Attributsausprägungen und Funktionsbeziehungen.

Zur Unterstützung des Anwenders bei der Bildung von Funktionssequenzen werden auf der Grundlage der abgeleiteten Maßnahmen zur Bildung von Funktionssequenzen Leitlinien entwickelt. Diese berücksichtigen die wichtigsten Bereiche und Fragestellungen, die beim Vorgang der Bildung von Funktionssequenzen auftreten. Neben Leitlinien, die grundsätzliche Aussagen zur Bildung von Funktionssequenzen treffen, wird das Ableiten der Reihenfolge von Funktionen innerhalb einer Sequenz besonders unterstützt. Entscheidend für die Bildung der Funktionssequenzen sind Antworten auf Fragen, wie man mit der Bildung einer Funktionssequenz anfängt und wie die schrittweise Zuordnung der Funktionen ausgeführt wird. Der große Einfluß von Materialflußfunktionen auf die Reinraumtauglichkeit, die Automatisierbarkeit oder Komplexität von Anlagen erfordert eine spezielle Unterstützung der Bildung von Funktionssequenzen mit überwiegendem Materialflußcharakter. Es lassen sich deshalb vier übergeordnete Leitliniengruppen herleiten:

❏ Grundprinzipien und generelles Vorgehen bei der Bildung von Funktionssequenzen,

❏ Beginn der Bildung einer Funktionssequenz,

❏ Zuordnung der nachfolgenden Funktionen innerhalb der Funktionssequenz und

❏ Funktionssequenzen mit überwiegendem Materialflußcharakter.

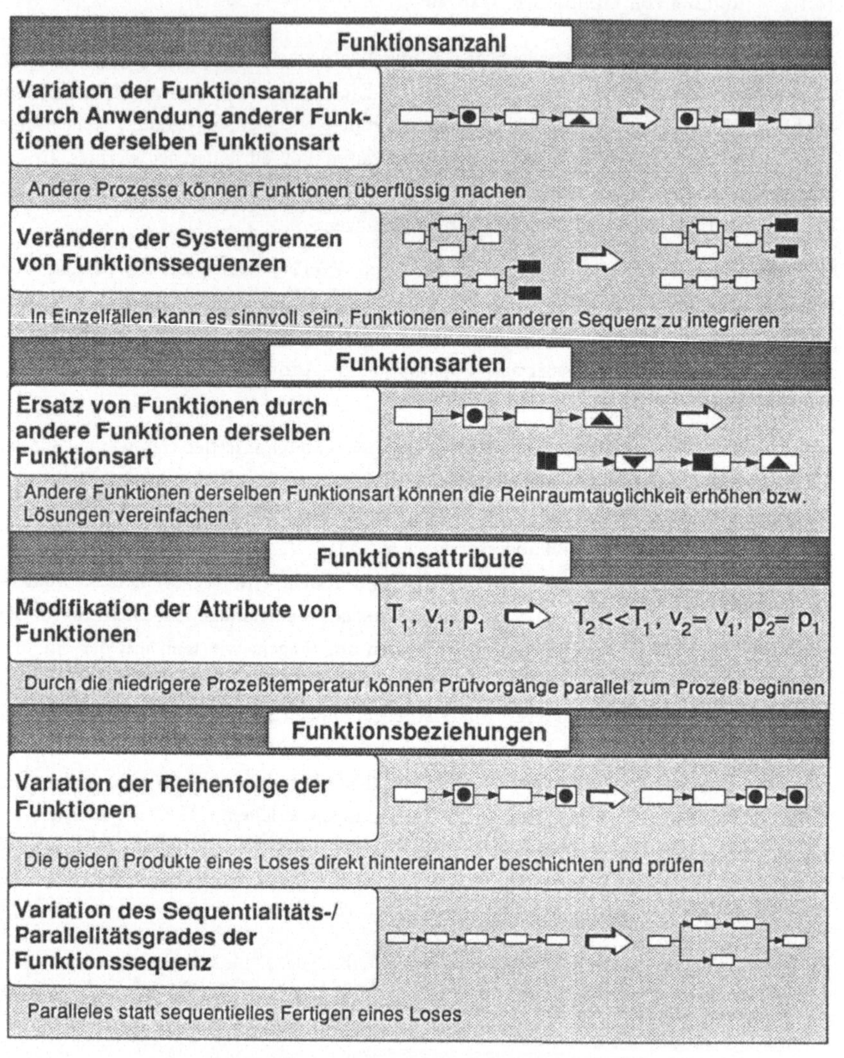

$$T_1, v_1, p_1 \Rightarrow T_2 \ll T_1,\ v_2 = v_1,\ p_2 = p_1$$

Bild 36: Abgeleitete Maßnahmen zur Bildung von Funktionssequenzen

Leitliniengruppe 1:   **Grundprinzipien und generelles Vorgehen bei der Bildung von Funktionssequenzen**

❏ **Leitlinie 1.1:**

In der Regel sind aus übergeordneten Funktionen abgeleitete Funktionsgruppen als Funktionssequenzen auszubilden.

➡ In jeder Ebene sind alle durch Dekomposition erhaltenen Funktionsgruppen zu betrachten.

➡ Je Ebene sollen die Funktionssequenzen systematisch, d. h. nacheinander, gebildet werden.

➡ Nur wenn keine Reihenfolge von Funktionen festgelegt werden soll (kann), empfiehlt es sich, Funktionsgruppen ohne vorherige Strukturierung zu Sequenzen weiter zu detaillieren.

❏ **Leitlinie 1.2:**

Die Funktionssequenzen eines zu automatisierenden Nicht-Normalbetriebes sind so wichtig wie die Funktionen des Normalbetriebes.

➡ Instandhaltungs-, Programmier- und Umrüstarbeiten können so bezüglich der Hardwarekomplexität und der Reinraumtauglichkeit optimiert werden.

❏ **Leitlinie 1.3:**

Funktionssequenzen müssen so einfach und ähnlich wie möglich sein.

➡ Der Aufwand, die Sequenzen zu bilden, wird minimiert.

➡ Die Hardware wird vereinfacht und in ihrer Typenvielfalt begrenzt.

❏ **Leitlinie 1.4:**

Die Bildung von Funktionssequenzen kann durch die Verwendung von vorhandenen technischen Lösungen (für Funktionen innerhalb einer Sequenz bzw. für "benachbarte" Sequenzen) stark beeinflußt werden.

➡ Bestimmte Funktionen der Sequenz müssen zur "Adaption" geändert werden.

➡ Es können neue "Schnittstellenfunktionen" erforderlich sein.

➡ Die Attribute (Leistungsparameter) müssen abgestimmt werden.

❏ **Leitlinie 1.5:**

Vor Beginn der Bildung von Funktionssequenzen ist zu überprüfen, ob aus dem Blickwinkel der Sequenzbildung zusätzlich zu den durch Dekomposition ermittelten Funktionen weitere Funktionen hinzukommen können bzw. müssen.

➡ Liegen bereits mindestens zwei gleichartige Funktionen (für gleichartige Objekte) vor, die grundsätzlich auch parallel ablaufen könnten (z. B. Prüfung von drei Wafern), so können manche Funktionen ebenfalls durch gleichartige Funktionen ergänzt werden.

Bild 37:   *Allgemeine Leitlinien zur Bildung von Funktionssequenzen (1)*

➡ Im genannten Beispiel können die drei Wafer statt sequentiell parallel geprüft werden. Falls bei der Dekomposition z. B. nur eine Handhabungsfunktion ermittelt wurde, um Wafer in den Prüfbereich zu bringen, ist diese Funktion durch zwei weitere Handhabungsfunktionen zu ergänzen, da nicht nur das Prüfen, sondern auch die Waferhandhabung parallel ablaufen können.

❑ **Leitlinie 1.6:**

Nicht alle durch Dekomposition gewonnen Teilfunktionen müssen in jeder alternativen Funktionssequenz verwendet werden. Input und Output (bezogen auf das Hauptobjekt) müssen jedoch vergleichbar sein.

➡ Vereinfachung/Standardisierung von Funktionssequenzen möglich.

Bild 38:   Allgemeine Leitlinien zur Bildung von Funktionssequenzen (2)

<u>Leitliniengruppe 2:</u>   Beginn der Bildung einer Funktionssequenz

❑ **Leitlinie 2.1:**

Beim Aufstellen von Funktionssequenzen muß man sich innerhalb der aktuellen Funktionsebene und innerhalb des jeweiligen Betriebsmodus zuerst mit dem Funktionshauptobjekt und dann mit den Nebenobjekten befassen.

➡ Der Überblick über die einzelnen Funktionssequenzen, die auf das Hauptobjekt anzuwenden sind, bleibt besser gewahrt.

➡ Abhängigkeiten, Ähnlichkeiten und Unterschiede zwischen den Funktionssequenzen sind einfacher zu erkennen und herauszuarbeiten.

❑ **Leitlinie 2.2:**

Bei den Sequenzen, die sich auf das Funktionshauptobjekt beziehen, handelt es sich in der Regel um wichtigere Sequenzen als die Sequenzen, die sich auf Nebenobjekte beziehen. Um optimale Sequenzen für die Hauptobjekte zu erhalten, müssen Sequenzen, die sich auf Nebenobjekte beziehen, teilweise modifiziert (d. h. beispielsweise an die Sequenzen für die Hauptobjekte angepaßt) werden.

➡ Der gesamte technische Aufwand kann sich vergrößern oder verkleinern, um - bezogen auf das Produkt - eine bessere Funktionalität bzw. Reinraumtauglichkeit zu erhalten.

❑ **Leitlinie 2.3:**

Im allgemeinen muß man die Bildung einer Funktionssequenz nicht mit der wichtigsten Funktion ("Kernfunktion") beginnen, sondern man kann sich am logischen/chronologischen Ablauf (z. B. materialflußbezogen) orientieren.

➡ Es ist oft übersichtlicher, z. B. wenn Nebenobjekte zu beachten sind, gedanklich einen Vorgang von Anfang an zu durchdenken, als mitten in einem Vorgang zu beginnen.

Bild 39:   Leitlinien zum Beginn der Bildung einer Funktionssequenz (1)

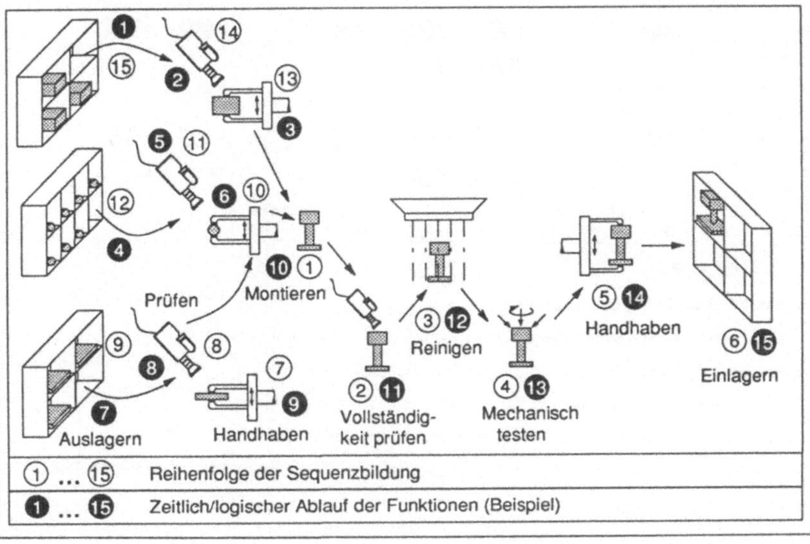

Bild 40:   Leitlinien zum Beginn der Bildung einer Funktionssequenz (2)

**<u>Leitliniengruppe 3:</u>   Zuordnung der nachfolgenden Funktionen innerhalb der
Funktionssequenz**

☐ **Leitlinie 3.1:**

Manche Funktionen können nur dann beginnen, wenn andere Funktionen zuvor ausgeführt,
d. h. beendet, wurden. Derartige Funktionsbeziehungen können mittels "Wenn-dann-
Beziehungen" ermittelt werden: *Wenn* die Funktionen i abgeschlossen sind, *dann* können die
Funktionen j beginnen.

➡ Es ergibt sich bei Anwendung der Wenn-dann-Regel das Gerüst einer Sequenz.

➡ Die Wenn-dann-Regel ergibt den minimalen Grad an Sequentialität innerhalb der Sequenz.

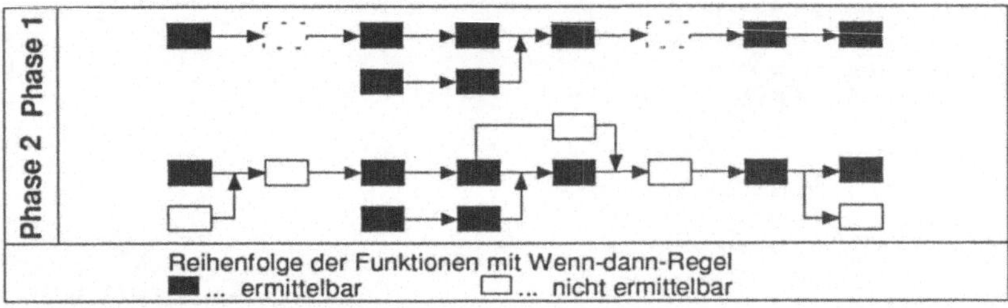

☐ **Leitlinie 3.2:**

Vor der Zuordnung einer bestimmten Funktion ist zu prüfen, ob nicht eine andere Funktion aus
Gründen der Logik, Konsistenz oder Unvermeidbarkeit zu bevorzugen ist.

➡ Ausgabefunktionen müssen Eingabefunktionen folgen.

➡ Entstehen Prozeßnebenprodukte, so müssen sie entsorgt werden.

➡ Verschmutzen die Produkte zu stark, müssen sie gereinigt werden.

➡ Werden Transporthilfsmittel geleert, müssen sie z. B. wieder gefüllt, fortgebracht oder
gereinigt werden.

☐ **Leitlinie 3.3:**

Einige Funktionen *müssen*, andere *können* parallel zu bestimmten Funktionen ausgeführt
werden. Diese können nach oder während der Erstellung des sequentiellen Sequenzgerüstes
abgeleitet werden.

➡ Ein hoher Parallelitätsgrad ist grundsätzlich anzustreben, um die Kontaminationszeit
(Partikelimmissionszeit) zu verkürzen.

➡ Potentielle parallele Funktionen sind Funktionen gleichen/ähnlichen Typs, die verschiedene
Funktionsobjekte eines Fertigungsloses oder die Ausgangsprodukte eines Hauptobjektes
betreffen.

➡ Das parallele Ausführen gleichartiger Funktionen kann den Hardwareaufwand erheblich vergrößern.

Bild 41:   Leitlinien zur Ermittlung der jeweils nachfolgenden Funktion

Leitliniengruppe 4: Funktionssequenzen mit überwiegendem Materialflußcharakter

☐ **Leitlinie 4.1:**

Funktionen des Materialflusses sind besonders wichtig.

➡ Die Partikelemission hängt stark von derartigen Funktionen ab.

➡ Die Automatisierbarkeit und die technischen Lösungen werden von der Art und Reihenfolge der Funktionen stark beeinflußt.

➡ Die Aussagen gelten auch für den Nicht-Normalbetrieb (Instandhaltung, Einrichten).

☐ **Leitlinie 4.2:**

Besonders die Dekomposition von Funktionen des Materialflusses kann aufgrund der Vielfalt von Teilfunktionen, die z. B. Handhaben oder Transportieren ausdrücken können, zu einer großen Anzahl an alternativen Funktionssequenzen führen.

➡ Bei Handhabungsaufgaben ist die Kombinationsvielfalt besonders groß.

Beispiel: Entnehmen eines Wafers aus einem Carrier und Beladen einer Prozeßkammer:

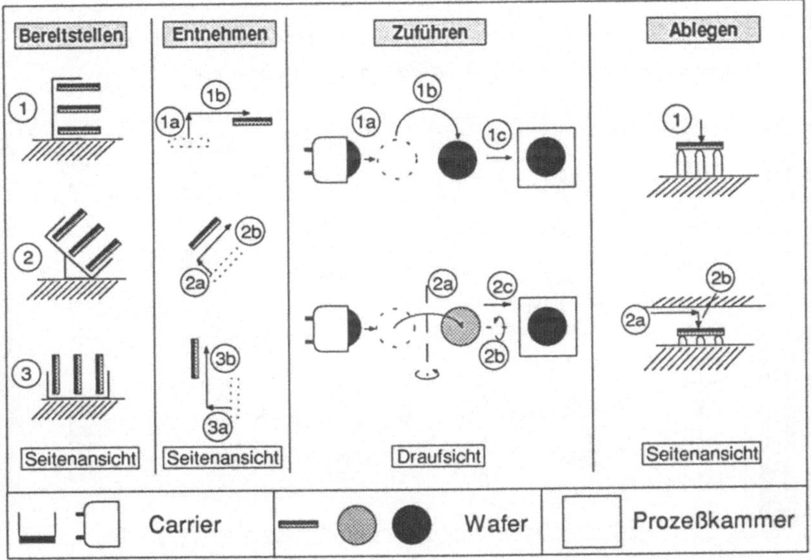

➡ Um den technischen Aufwand zu minimieren, müssen die Funktionsfolgen innerhalb derselben Sequenz und zwischen verschiedenen Sequenzen möglichst gleich gewählt werden.

Bild 42: Leitlinien für materialflußdominierte Funktionssequenzen (1)

❏ **Leitlinie 4.3:**

Wenn Funktionsobjekte im Sinne des Produktionsfortschritts verändert oder ihr Zustand geprüft werden muß, dann sind Funktionen des Materialflusses vorzusehen, sofern nicht verschiedene Funktionen räumlich am selben Ort ablaufen.

➡ Je mehr Materialflußfunktionen ablaufen, desto größer ist die Gefahr von Partikelemission und hohem Hardwareaufwand bzw. -volumen.

➡ Ein Verzicht auf Ortsveränderung des Objektes ist jedoch häufig aus prozeßtechnischen Gründen (Gegensätzlichkeit der Bedingungen) oder Zugänglichkeitsgründen (Versperren des Objektes) nicht möglich.

❏ **Leitlinie 4.4:**

Wenn mehrere Objekte notwendig sind, um ein neues Objekt zu erzeugen, können die einzelnen Objekte

● parallel (gleichzeitig) bewegt werden, wenn nur wenig Zeit zur Verfügung steht und zusätzlicher Hardwareaufwand (Doppelgreifer, zweites Handhabungssystem) akzeptiert wird,

● sequentiell (zeitlich hintereinander) bewegt werden, wenn es sich um keine zeitkritischen Funktionen handelt und der Hardwareaufwand minimiert werden soll.

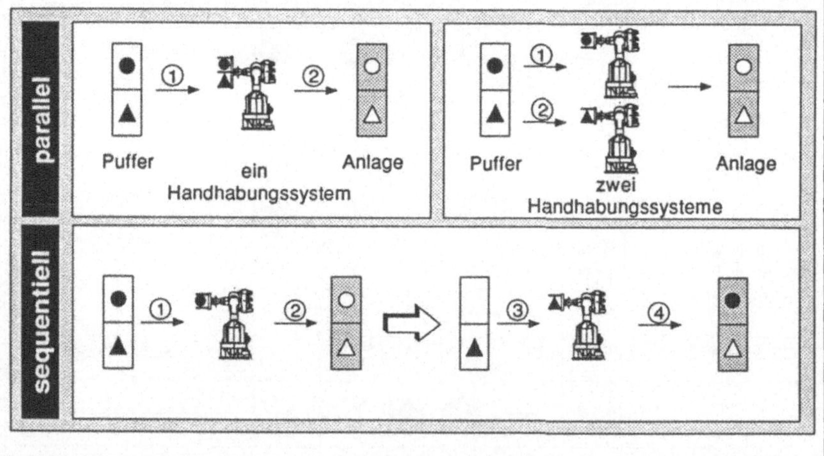

Bild 43:   Leitlinien für materialflußdominierte Funktionssequenzen (2)

6.1.3 Optimierung von Funktionsstrukturen

Bezieht man den Begriff "Optimierung" auf die Funktionsstrukturen, die vor allem durch die Anzahl, Art, Attribute und Beziehungen (Reihenfolge und Sequentialitäts-/Parallelitätsgrad) von Funktionen definiert werden, so lassen sich drei Arten von Optimierungsmaßnahmen ableiten (*Bild 44*).

Bild 44:   Maßnahmen zur Optimierung von Funktionsstrukturen

Vereinfachung bedeutet, die Vielfalt und Komplexität zu reduzieren und die Effizienz des betrachteten Elementes einer Funktionsstruktur zu steigern (*Bild 45*). So kann z. B. versucht werden, die Funktionsanzahl zu minimieren, die Parallelität auszuführender Funktionen zu erhöhen oder zu verringern sowie einfachere Funktionen derselben Funktionsart einzusetzen. Voraussetzung ist, daß dies ohne Verschlechterung der Produktqualität und ohne partikuläre Kontamination des Produktes erfolgt. Auf komplexe (Bahn-)Bewegungen bei Materialflußvorgängen sollte z. B. möglichst verzichtet werden.

Im Hinblick auf eine Standardisierung von Funktionen und Anlagenmodulen, eine genau definierte Reinraumtauglichkeit sowie eine erleichterte Instandhaltung empfiehlt es sich ebenfalls, möglichst wenige und einfache Funktionen zu wählen.

Um zu einfachen Funktionsstrukturen zu gelangen, ist auch zu überprüfen, ob gegebene Anforderungen und Randbedingungen im vollen Umfang erforderlich sind oder ob sie nicht weniger streng ("weicher") formuliert werden können. Derartige Maßnahmen können jedoch die Funktionssicherheit, Reinraumtauglichkeit und Qualität der Ergebnisse stark verschlechtern, wenn zuvor keine sorgfältige Abschätzung möglicher Auswirkungen erfolgt. Typische Funktionen, die häufig vereinfacht werden können, entstammen den Bereichen Handhaben und Prüfen. Beim Handhaben resultiert dies hauptsächlich aus der Vielfalt möglicher Funktionen, um den Handhabungsvorgang auszuführen, während beim Prüfen häufig Zeitpunkt und Ort variierbar sind.

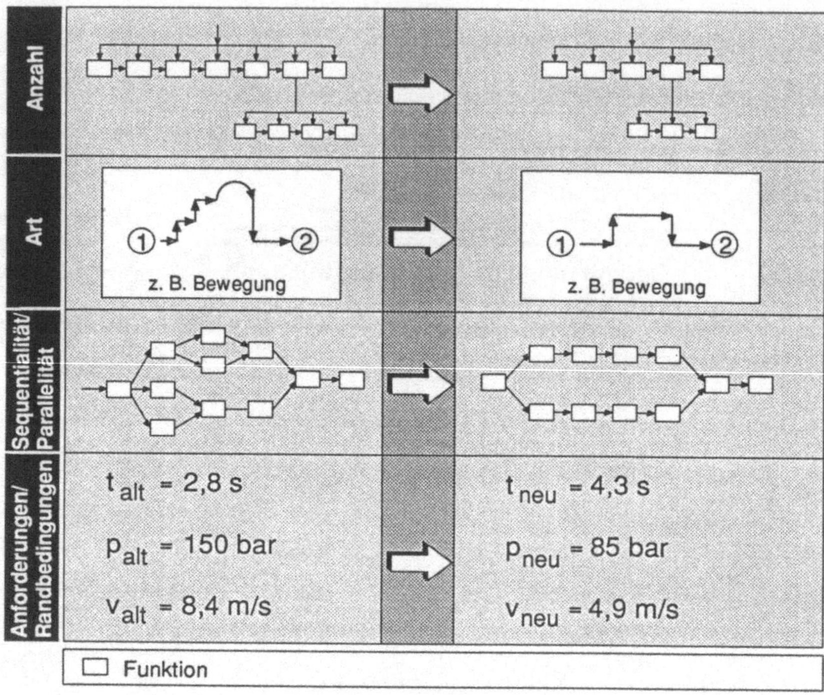

Bild 45:   *Vereinfachung von Funktionsstrukturen (Beispiele)*

Maßnahmen zur *Vereinheitlichung* von Funktionsstrukturen zielen indirekt ebenfalls darauf ab, die Komplexität von Funktionsstrukturen und der daraus abgeleiteten Anlagenhardware zu reduzieren. Vereinheitlichung bedeutet, Funktionssequenzen und -netze ähnlich zu gestalten hinsichtlich Anzahl, Art, Anforderungen/Randbedingungen, Reihenfolge und Sequentialitäts- bzw. Parallelitätsgrad der zugehörigen Funktionen.

In der Praxis fällt meist erst bei der Analyse mehrerer Funktionsstrukturen auf, daß für gleiche oder vergleichbare Aufgaben unterschiedliche Funktionen derselben Art zur Anwendung kommen. Deshalb sind für bestimmte Aufgaben immer dieselben Funktionen vorzusehen, um den Gesamtaufwand zu verringern. Dies gilt analog auch für die anderen Möglichkeiten der Vereinheitlichung.

Gemeinsame Funktionen bzw. Funktionssequenzen sind einzelne Funktionen (z. B. Handhaben) bzw. (Teile von) Funktionssequenzen, die innerhalb von Funktionsnetzen mehrfach vorkommen und vom Aufgabeninhalt vergleichbar sind, jedoch unterschiedliche Funktionsobjekte, -orte oder Betriebsmodi haben können. Die Ziele der Verwendung gemeinsamer Funktionsstrukturen sind die Senkung von Hardwareaufwand, -komplexität und Bauvolumen durch die Verwendung gemeinsamer Anlagenmodule für unterschiedliche

Funktionsobjekte an verschiedenen Orten und zu verschiedenen Zeitpunkten (*Bild 46*). Nach gemeinsamen Funktionsstrukturen muß immer dann gesucht werden, wenn Funktionen sehr häufig vorkommen, komplex sind, einen großen Arbeits-/Bewegungsraum beanspruchen, zeitunkritisch sind oder sehr teure Hardware erforderlich machen.

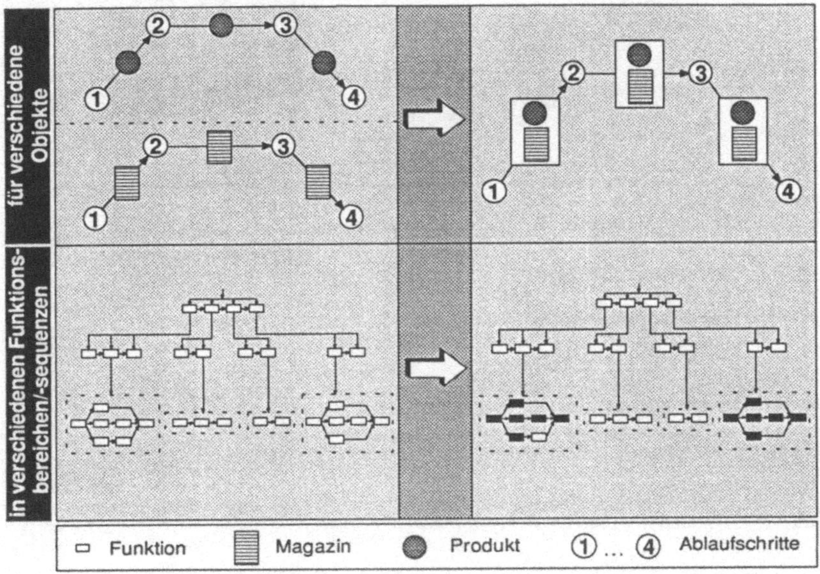

Bild 46:   Identifikation gemeinsamer Funktionen und Funktionssequenzen (Beispiele)

6.2   Partikelemissionsverhalten von Materialpaarungen

6.2.1   Zeitliches Verhalten der Partikelemission

Das zeitliche Verhalten der Partikelemission beschreibt die Abhängigkeit der Anzahl und Größe der emittierten Partikeln von der Zeit (Meßdauer). Mögliche Änderungen (Verschlechterungen) der Partikelemission über die Zeit können so erkannt und gegebenenfalls berücksichtigt werden, wenn z. B. eine in Produktnähe eingesetzte Gleitführung aus einer bestimmten Materialpaarung hergestellt wird.

Durchgeführte Untersuchungen ergeben, daß drei Verhaltenstypen auftreten (*Bild 47*). Bei Typ 1 fällt das am Anfang vorhandene Partikelemissionsniveau ähnlich einer Funktion 1/x stark ab, um dann weitgehend konstant weiter zu laufen. Typ 2 dagegen zeigt einen vollkommen statistisch zufälligen Verlauf, während Typ 3 ein lokales Maximum aufweist.

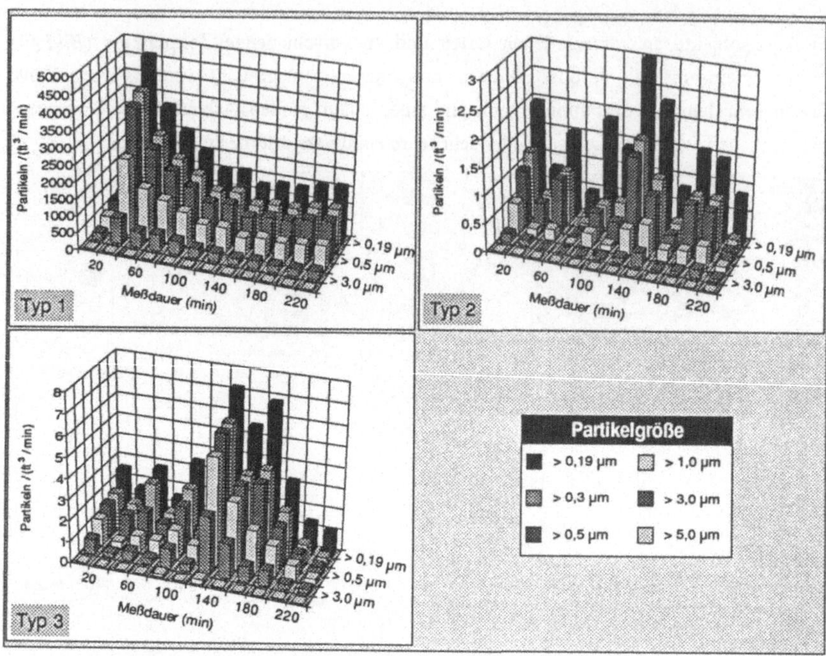

Bild 47: *Grundtypen des zeitlichen Partikelemissionsverhaltens*

Bei keiner Materialpaarung, Kraft/Geschwindigkeits-Kombination (KG) sowie Wiederholungsmessung kann ein reproduzierbares zeitliches Partikelemissionsverhalten nachgewiesen werden. Die einzelnen Verhaltenstypen treten unabhängig von der Materialpaarung in völlig unregelmäßiger Reihenfolge auf, können also nicht vorhergesagt werden, obwohl die resultierenden Mittelwerte der Gesamtpartikelzahl von Wiederholungsmessungen dabei sehr eng beieinander liegen können.

Für nahezu alle Messungen ist jedoch typisch, daß während der gesamten Meßdauer bzw. von Meßintervall zu Meßintervall sich sowohl bzgl. der absoluten Höhe der Partikelemission als auch der Relation der Größenklassen sehr große Unterschiede ergeben können. Die Partikelemissionsminima und -maxima eines Meßzyklus können sich aufgrund des statistischen Verhaltens der Partikelentstehung um bis zum Faktor 20 unterscheiden. Die in seltenen Fällen auftretenden noch größeren Abweichungen ("Peaks") sind dadurch bedingt, daß Partikelansammlungen (Agglomerate) entstehen, die sich diskontinuierlich lösen und dann vollständig innerhalb eines Meßintervalls erfaßt werden.

Die statistischen Schwankungen der Partikelemission ohne eine eindeutige Tendenzbildung hinsichtlich der ermittelten drei Grundtypen sowie fehlende signifikante Änderungen der Partikelgrößen während der Messungen belegen, daß alle Materialpaarungen noch unter weitgehend "normalen" Beanspruchungsbedingungen untersucht werden, also noch kein Verschleiß im herkömmlichen Sinn auftritt.

Das insgesamt beste (ruhigste, schwingungsärmste) Laufverhalten zeigen diejenigen Materialien, die mit einer PA-6.6-Scheibe als Gegenlaufpartner geprüft werden. Die Scheiben aus X90CrMoV18 und 100Cr6 weisen dagegen ein etwas schlechteres Laufverhalten auf.

Insgesamt zeigt sich, daß das zeitliche Verhalten der Partikelemission nicht vorhersehbar bzw. reproduzierbar und deshalb für keine der untersuchten Materialpaarungen charakteristisch ausgeprägt ist. Innerhalb eines Meßzyklus können - auch bei niedrigen resultierenden Mittelwerten - sehr starke Schwankungen in der Höhe der Partikelemission auftreten. Dies ist bei Baugruppen mit gleitreibungsbeanspruchten Materialpaarungen grundsätzlich zu berücksichtigen (Kapselungen, Strömungsführung usw.).

6.2.2 Abhängigkeit der Gesamtpartikelzahl und der Partikelgrößenklassen von den Beanspruchungsbedingungen

Vor allem bei Einsatzfällen, die hinsichtlich den Beanspruchungsbedingungen Normalkraft und Relativgeschwindigkeit eine größere Bandbreite abdecken sollen, ist es wichtig zu wissen, wie groß die Abhängigkeiten der Partikelemission von der jeweiligen Kraft/ Geschwindigkeits-Kombination (Beanspruchung) sind (*Bild 48*). Interessant ist also, ob eine höhere Beanspruchung auch eine erhöhte Partikelemission oder eine Tendenz zu größeren Partikeln nach sich zieht und wie stark ggf. diese Änderungen ausgeprägt sind. Ohne Kenntnis dieser Abhängigkeiten könnte es sonst geschehen, daß z. B. ein reibbeanspruchtes Bauteil bei geringer Beanspruchung zwar eine niedrige Partikelemission verursacht, bei einer etwas höheren Belastung aber zu "unerwartet" hohen Emissionszahlen führt.

Die Untersuchungen belegen den prinzipiellen Einfluß der Kraft/Geschwindigkeits-Kombination auf die Höhe der Partikelemission. In der Regel steigt bei einer höheren Beanspruchung auch die Partikelemission an. Beispielsweise steigt bei fast allen Materialpaarungen durch eine Erhöhung der Normalkraft von 10 auf 30 N (bei konstanter Relativgeschwindigkeit von 0,1 m/s) die Zahl der emittierten Partikeln um mindestens 20, meist jedoch um über 50 % an.

Bei der höchsten Beanspruchung (KG 4) ist grundsätzlich eine überproportionale Zunahme der Partikelemission feststellbar. Dies liegt vor allem daran, daß viele Kunststoffe - nimmt man z. B. den zulässigen pv-Wert als Maßstab - an ihrer Belastungsgrenze angekommen sind bzw. etwas darüber hinaus beansprucht werden.

Im Gegensatz zur Höhe der Partikelemission, die von der gewählten Kraft/Geschwindigkeits-Kombination abhängt, ist ein Einfluß auf die Partikelgrößen nicht nachweisbar. D. h. unter den gegebenen Prüfbedingungen gibt es bei Variation der Normalkraft und der Relativgeschwindigkeit keine signifikanten Änderungen der Partikelgrößenverhältnisse.

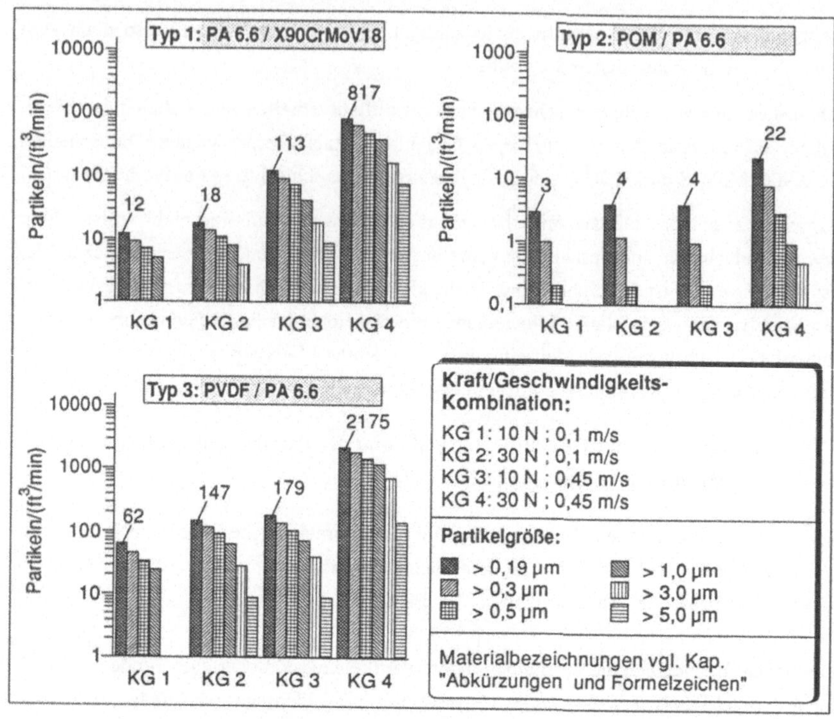

Bild 48: *Einfluß der Kombinationen von Kraft und Relativgeschwindigkeit auf die Gesamtpartikelzahl und die Partikelgrößenklassen*

Wie die Untersuchungen belegen, lassen sich unter den geprüften Materialpaarungen bzgl. des Einflusses auf die Gesamtpartikelzahl drei Verhaltenstypen identifizieren.

Typ 1 zeichnet sich bei einer Änderung von KG 1 auf KG 2 hinsichtlich der Zahl emittierter Partikeln durch Steigerungsraten von max. 100 % aus. Dagegen liegen die Steigerungsraten beim Übergang von KG 2 auf KG 3 oder von KG 3 auf KG 4 bei über 500 %. Im Gegensatz zu Typ 1 bleibt bei Typ 2 das Partikelemissionsniveau beim Übergang von KG 2 auf KG 3 ungefähr konstant. Typ 3 ist durch größere Unterschiede gekennzeichnet. Beim Übergang von KG 1 auf KG 2 erhöht sich die Partikelemission um 100 bis 200 %. Die Änderung von KG 2 auf KG 3 hingegen zieht nur eine leichte Steigerung (unter 50 %) nach sich. Dagegen steigt die Zahl der emittierten Partikeln bei KG 4 sehr stark an. Im Vergleich zu KG 3 erhöht sich die Partikelemission um mehr als 1000 %.

Insgesamt zeigt sich der große Einfluß der gewählten Kraft/Geschwindigkeits-Kombination (Beanspruchung) auf die Höhe der Partikelemission. Bei Einsatzfällen mit unterschiedlichen Beanspruchungsbedingungen muß daher - besonders bei höheren Kräften und

Geschwindigkeiten - darauf geachtet werden, wie stark die in Frage kommende Materialpaarung in ihrer Gesamtpartikelzahl von den Beanspruchungsbedingungen abhängt.

6.2.3 Größenanteile der emittierten Partikeln an der Gesamtpartikelzahl

Die Größenanteile an Partikeln, d. h. das Verhältnis der verschiedenen Partikelgrößenklassen zu der Gesamtpartikelzahl, geben eine weitere Entscheidungshilfe bei der Auswahl einer Materialpaarung. Beispielsweise können zwei Materialpaarungen vergleichbare Gesamtpartikelzahlen aufweisen, jedoch bei einer völlig unterschiedlichen Größenverteilung. Dies kann, je nach Produktempfindlichkeit, für manche Einsatzfälle entscheidend sein. So können kleine Partikeln bei bestimmten Einsatzfällen weniger störend sein als viele große Partikeln und umgekehrt.

Bild 49 gibt für alle untersuchten Materialpaarungen für KG 2 die Größenverteilung aller emittierten Partikeln wieder. Es zeigt sich, daß - weitgehend unabhängig von den Beanspruchungsbedingungen - für die einzelnen Materialpaarungen bestimmte Partikelgrößenverteilungen charakteristisch sind. Die Unterschiede zwischen den einzelnen Materialpaarungen sind erheblich. Materialpaarungen mit POM als Reibpartner weisen weit überdurchschnittlich viele kleine Partikeln ($< 0{,}3\ \mu m$) auf. Je nach Gegenlaufpartner kann ihr Anteil zwischen ca. 40 und 70 % schwanken. Die kleinsten Partikeln entstehen bei der Paarung POM / PA 6.6. Für alle Paarungen mit POM ist charakteristisch, daß sie auch außergewöhnlich wenige Partikeln größer als $1\ \mu m$ emittieren.

Paarungen zwischen PA 6.6 und 100Cr6 bzw. X90CrMoV18 weisen ähnlich wie die Paarungen PP-H / PA 6.6 und PVDF / PA 6.6 eine relativ gleichmäßige Partikelgrößenverteilung auf. Die Paarung PP-H / PA 6.6 läßt allerdings eine Tendenz zu größeren Partikeln ($> 1{,}0\ \mu m$) erkennen.

Die Untersuchungen zeigen, daß das Größenspektrum der emittierten Partikeln für jede Materialpaarung charakteristisch ist. Zwischen den einzelnen Materialpaarungen können jedoch sehr große Unterschiede bestehen. Sofern bei bestimmten Anwendungen eine selektive Empfindlichkeit gegen Partikeln einer bestimmten Größe besteht, läßt sich durch die Wahl einer darauf abgestimmten Materialpaarung von vornherein ein Teil der Partikelkontaminationsprobleme vermeiden.

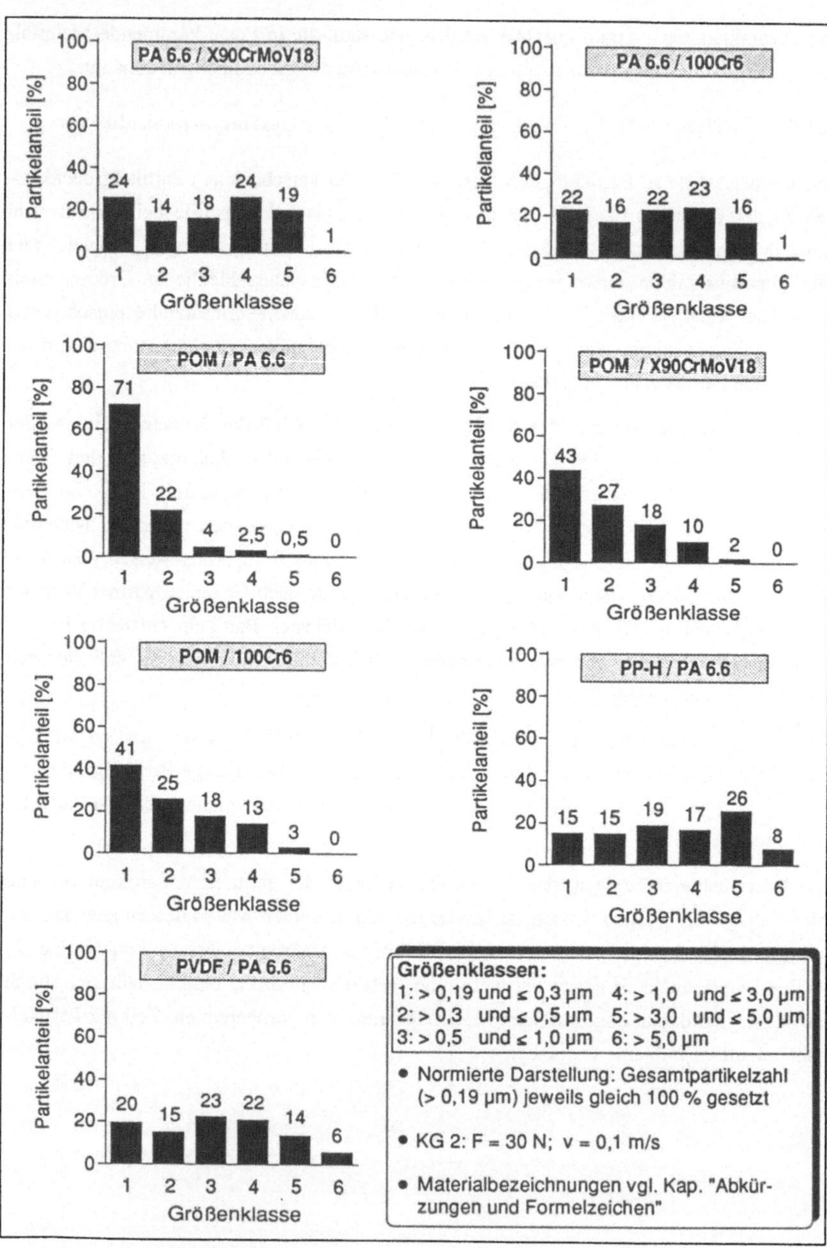

Bild 49:   Partikelgrößenverteilungen

6.2.4 Vergleich der Gesamtpartikelzahlen bei unterschiedlichen Beanspruchungsbedingungen

Als leicht faßbare und in der Praxis gut anwendbare Werte zur Charakterisierung und Auswahl einer Materialpaarung können die Gesamtpartikelzahlen, gemittelt über die gesamte Meßdauer, angesehen werden. Sie ermöglichen eine schnelle Abschätzung der prinzipiellen Eignung einer bestimmten Materialpaarung für den jeweiligen Einsatzfall. Die Darstellung der Gesamtzahlen, in Abhängigkeit von der Parameterkombination, ist hierfür am besten geeignet.

Bild 50 zeigt zusammenfassend die Ergebnisse von Einzeluntersuchungen für alle Materialpaarungen.

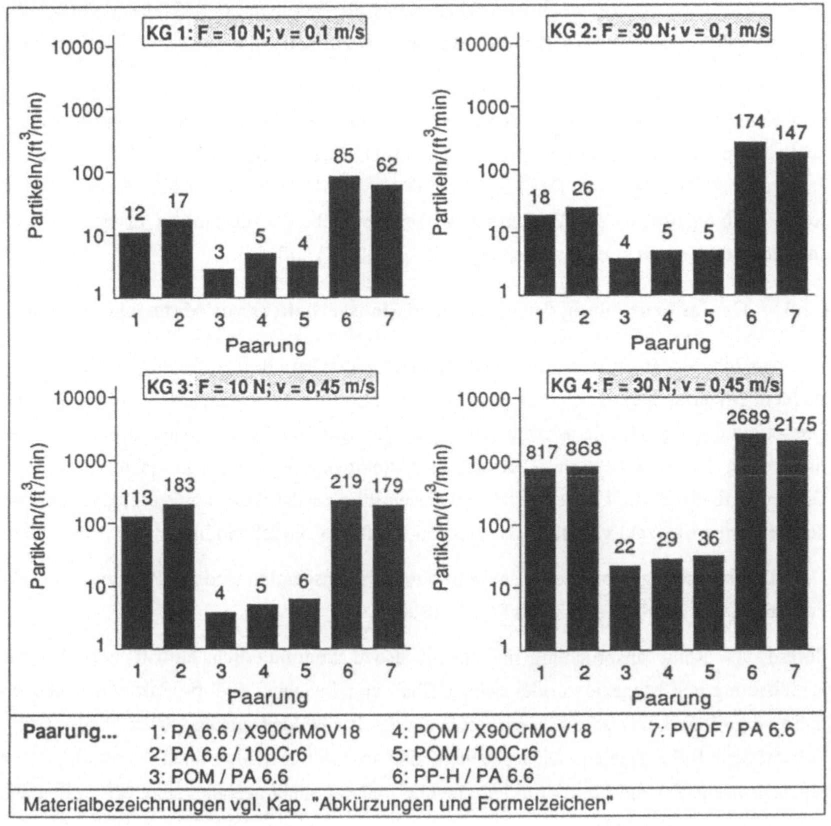

Bild 50:   Gesamtpartikelzahlen in Abhängigkeit von den Beanspruchungsbedingungen

94

Die ermittelten Gesamtpartikelzahlen schwanken bei der geringsten Beanspruchung KG 1 zwischen 3 und 85 Partikeln/(ft^3/min) und bei der größten Beanspruchung KG 4 zwischen 22 und 2689 Partikeln/(ft^3/min). Bei den drei Paarungen mit den niedrigsten Partikelemissionen besteht immer einer der Reibpartner aus POM. Die absolut beste Paarung POM / PA 6.6 weist zusätzlich die größte Laufruhe auf, verfügt also über ein exzellentes Trockenlaufverhalten. Paarungen mit PA 6.6 als Reibpartner (Prüfstift) emittieren bei geringen Beanspruchungen mit ca. 10 bis 30 Partikeln/(ft^3/min) ebenfalls relativ wenige Partikeln, neigen jedoch bei höheren Beanspruchungen zur Emission von überproportional vielen Partikeln (ca. 110 bis 870 Partikeln/(ft^3/min)). Sie sind damit bei vergleichbaren Beanspruchungen im Vergleich zu Paarungen mit POM als Reibpartner um mehr als eine Potenz schlechter. Paarungen mit PA 6.6 (Prüfstift) sind jedoch - vor allem bei höheren Beanspruchungen - immer noch wesentlich besser als Paarungen mit PP-H und PVDF, die nur mit PA 6.6 als Reibpartner ein akzeptables Partikelemissions- und Laufverhalten zeigen.

Insgesamt gesehen stehen bei mittleren und höheren Anforderungen an die Reinraumtauglichkeit von Materialpaarungen unter kontinuierlicher, ungeschmierter Gleitreibung nur die Paarungen POM / PA 6.6, POM / X90CrMoV18, POM / 100Cr6, PA 6.6 / X90CrMoV18 sowie PA 6.6 / 100Cr6 zur Verfügung, wobei die größten Unterschiede in der Partikelemission bei den hohen Beanspruchungen (KG 3, KG 4) auftreten.

6.2.5 Gesamtbeurteilung des Partikelemissionsverhaltens von Materialpaarungen

Von den zahlreichen entweder als verschleißfest geltenden oder häufig eingesetzten untersuchten Materialpaarungen sind nur wenige für eine ungeschmierte, kontinuierliche Gleitreibung geeignet. Die wichtigsten Entscheidungshilfen bei der Auswahl einer Materialpaarung für eine bestimmte Kraft/Geschwindigkeits-Kombination geben neben der Gesamtpartikelzahl die Größenverteilung der emittierten Partikeln sowie die Abhängigkeit der Gesamtpartikelzahl von der Änderung der Kraft bzw. Geschwindigkeit.

Die Materialpaarungen mit den insgesamt besten Eigenschaften sind die Paarungen POM / PA 6.6, POM / X90CrMoV18 und POM / 100Cr6.

Sofern eine Reibbeanspruchung nur selten, also diskontinuierlich, auftritt, z. B. bei der Handhabung von Magazinen oder beim Öffnen von Deckeln, sind die Partikelemissionen meist so gering, daß andere Eigenschaften als das Partikelemissionsverhalten eine wesentlich größere Rolle spielen. Dies bedeutet, daß in solchen Fällen auch Materialien (vor allem Kunststoffe), die für kontinuierliche Gleitreibung nicht geeignet sind, oft problemlos eingesetzt werden können.

Insgesamt zeigt sich deutlich, daß ein fundiertes Know-how über das Partikelemissions- und damit Reib- bzw. Verschleißverhalten für in Reinräumen betriebene Anlagen (besonders mit bewegten Modulen) unabdingbar ist. Nur so ist es möglich, funktionssichere und hinsichtlich der Partikelemission optimierte Anlagen zu entwickeln.

6.3 Materialflußautomatisierung sowie materialflußbezogene Strukturierung und Integration von Fertigungsanlagen und -zellen

6.3.1 Systematik der Leitlinien

Die Leitlinien unterstützen wichtige Themenbereiche der Konzeption von Materialflußsystemen bzw. von Fertigungsanlagen/-zellen mit relativ starken Materialflußbeziehungen. Die Leitlinien lassen sich gruppieren in:

- übergeordnete Leitlinien zur Konzeption automatischer Fertigungsanlagen und -zellen,
- Leitlinien zur räumlichen Anordnung und Automatisierung von Fertigungsanlagen und -modulen sowie
- Leitlinien zur Auswahl und Gestaltung von Materialflußsystemen.

Sämtliche Leitlinien werden den geeigneten Anwendungsbereichen zugeordnet (*Bild 51*). Dies begründet sich damit, daß bei sehr umfangreichen Funktionsnetzen die konzeptionelle Gestaltung nicht nur zu einer einzelnen Anlage, sondern zu einer ganzen Fertigungszelle führen kann. Aus funktioneller Sicht macht es keinen Unterschied, ob eine bestimmte Aufgabe mit einer einzigen Anlage oder mit mehreren Anlagen (einer Fertigungszelle) erfüllt wird.

Im Gegensatz dazu spielt es bei der konzeptionellen Anlagengestaltung allein schon aus Gründen der Modulabmessungen und der Modul-/Anlagenlayouts eine große Rolle, ob eine Materialflußautomatisierung auf Anlagenebene, innerhalb einer Fertigungszelle oder gar zwischen Fertigungszellen (in Fertigungsbereichen) durchzuführen ist.

Anwendungsbereich / Leitlinie	Fertigungsanlage	Fertigungszelle	Fertigungsbereich
Übergeordnete Leitlinien			
1 Gruppierung von Funktionen als Grundlage für materialfluß- und kontaminationsoptimierte Module	●	●	
2 Generelle Planungsaspekte für automatische Produktionen	●	●	●
3 Kompatibilität zu vor-/nachgelagerten Produktionsbereichen		●	●
4 Vorgehensweise zur schrittweisen (Höher-)Automatisierung der Fertigung	●	●	●
Räumliche Anordnung und Automatisierung			
5 Anordnung von Anlagen u. -modulen nach den Erfordernissen der Materialflußtechnik	●	●	
6 Anordnung von Anlagen u. -modulen zur Kontaminationsminimierung	●	●	
7 Interne Materialflußautomatisierung von Anlagen	●		
8 Externe Materialflußautomatisierung von Anlagen	●	●	
9 Anordnung von Handhabungssystemen	●	●	
Auswahl/Gestaltung Materialflußsysteme			
10 Auslegung wichtiger Handhabungs- und Transportsystemmodule	●	●	●
11 Auswahl eines Transportsystems für Fertigungsbereiche		●	●
12 Optimale Betriebsbedingungen für Handhabungs-/Transportsysteme	●	●	●
13 Gestaltung von Puffern	●	●	

Bild 51:   Anwendungsbereiche der entwickelten Leitlinien

6.3.2 Übergeordnete Leitlinien zur Konzeption automatischer Fertigungsanlagen und -zellen

Bei der Konzeption einer automatischen Produktion unter Reinraumbedingungen und der notwendigen Anlagen sind zunächst allgemeine Leitlinien zu berücksichtigen. Diese schaffen u. a. die Grundlage für die materialflußabhängige Modulbildung oder die Kompatibilität einzelner Module, Fertigungsanlagen und -zellen.

☐ **Leitlinie 1: Gruppierung von Funktionen als Grundlage für materialfluß- und kontaminationsoptimierte Module**

> ☐ Die Maßnahmen zur Gruppierung von Funktionen verfolgen i. a. verschiedene, z. T. sich widersprechende Ziele.
> ➡ Nur die wichtigsten Entscheidungskriterien sind zu berücksichtigen.
> ➡ Es empfiehlt sich, ggf. eine Gewichtung der Entscheidungskriterien bzw. der Maßnahmen zur Funktionsgruppierung vorzunehmen.
>
> ☐ Stehen zu Beginn der Modulbildung alternative Funktionssequenzen zur Auswahl, muß durch Anwendung zusätzlicher Kriterien bzw. von Vorversuchen eine Beschränkung auf eine Funktionssequenz erreicht werden.
> ➡ Wenn Funktionen parallel auszuführen sind, die gleichzeitig auf dasselbe Objekt wirken bzw. von dessen Positioniergenauigkeit abhängen (z. B. Vermessung eines Produktes während des Transports), müssen die Funktionssequenzen hinsichtlich der Realisierbarkeit kritisch betrachtet werden.
>
> ☐ Zur Reduzierung der Partikelemissionsgefahr sind partikelemissionsarme Module, nach der Partikelemissionsgefahr gruppierte Module oder räumlich eindeutig vom Produkt getrennte Module anzustreben.
> ➡ Handhabungs- und Transportfunktionen zusammenfassen.
> ➡ Trennen der direkt auf das Produkt einwirkenden Funktionen von den anderen Funktionen.
>
> ☐ Um einen minimalen technischen Aufwand zu erzielen, sind eine möglichst geringe Modulanzahl, eine niedrige Modulkomplexität und möglichst wenige unterschiedliche Module anzustreben.
> ➡ Materialflußfunktionen zusammenfassen.
> ➡ Seltener Ortswechsel von Handhabungsobjekten.
> ➡ Funktionsarten, die mehrfach in identischer Form vorkommen (z. B. Identifikationsfunktionen), zusammenfassen.
> ➡ Funktionen unterschiedlicher Art, aber mit ähnlichen Attributen (z. B. spezielle Umgebungsbedingungen), zusammenfassen.
> ➡ Funktionen, die logisch unmittelbar voneinander abhängen (Wenn-dann-Beziehung), zusammenfassen.
> ➡ Korrespondierende oder ähnliche Funktionen des normalen und nicht-normalen Betriebsmodus zusammenfassen.
>
> ☐ Um eine einfache Instandhaltung zu ermöglichen, sind eine geringe Modulanzahl, eine niedrige Modulkomplexität sowie eine gute Zugänglichkeit anzustreben.
> ➡ Funktionen nach Lebensdauer gruppieren.
> ➡ Relativ kleine Funktionsgruppen bilden.
> ➡ Gleichartige Funktionen zusammenfassen.

Bild 52:   Überführung von Funktionen in Module (1)

> ☐ Zur Realisierung kurzer Produktions-/Taktzeiten sind kompakte, multifunktionale Module sowie eine geringe Modulanzahl anzustreben.
> ➡ Zahl Funktionen verringern.
> ➡ Zur Zeitersparnis Attribute modifizieren.
> ➡ Funktionen zusammenfassen.
> ➡ Funktionssequenzen vereinfachen.
>
> ☐ Betreffen die zu realisierenden Funktionen sowohl Reinraum- als auch Grauraumbereiche, so ist zu berücksichtigen, daß ein Schleusenmodul erforderlich ist.
> ➡ Die Art der Schleuse kann vielfältig sein und von einer einfachen "Durchreichemöglichkeit" bis zu einer eigenständigen Anlage mit interner Materialflußtechnik reichen.
> ➡ Die Schleuse muß in Produktnähe den gleichen Reinraumtauglichkeitsanforderungen genügen wie die ausschließlich im Reinraum eingesetzten Anlagen.
> ➡ Schleusen bilden häufig die Schnittstelle für sehr unterschiedliche Handhabungskonzepte innerhalb des Grau- bzw. Reinraums (z. B. manuelle Handhabung im Grauraum und automatische Handhabung im Reinraum).

Bild 53:   *Überführung von Funktionen in Module (2)*

☐ **Leitlinie 2:   Generelle Planungsaspekte für automatische Produktionen**

> ☐ Nur diejenigen Produktionsschritte in Reinräume verlagern, die unbedingt Reinraumbedingungen benötigen.
> ➡ Verringerung des Platzbedarfs.
> ➡ Minimierung der Investitions- und Betriebskosten.
> ➡ Vereinfachung der Fertigungsanlagen und -zellen.
>
> ☐ Zukünftig zu erwartende Änderungen in der Produktion (Produktspektrum, Produktionsvolumen, Reinheitsanforderungen usw.) frühzeitig abschätzen.
> ➡ Höhere Einsatzflexibilität der Anlagen.
> ➡ "Zukunftssicherheit" der Produktion mindestens mittelfristig möglich.
>
> ☐ Grundsätzlich versuchen, Fertigungsinseln (Clustertools) zu bilden.
> ➡ Verringerung des Transport- und Handhabungsaufwandes.
> ➡ Maximale Produktschonung (Kontamination, mechanische Beschädigung).
> ➡ kürzere Durchlaufzeiten bei optimiertem Fertigungsfluß.
>
> ☐ Bedien-, Instandhaltungspersonal sowie Programmierer sind weitgehend von der Produktion zu trennen und aus dem Reinraum zu verlagern.
> ➡ Minimierung der Kontaminationsgefahr für Produkte.
> ➡ Erhöhung der Verfügbarkeit der Anlagen durch off-line durchgeführte Programmierarbeiten in Verbindung mit Ablaufsimulationen.
>
> ☐ Sämtliche Module (Steuerungen, Versorgungseinheiten usw.), die nicht unbedingt unter Reinraumbedingungen arbeiten müssen, sind aus dem Reinraum zu verlagern.
> ➡ Minimierung des Platzbedarfs.
> ➡ Minimierung der Produktkontaminationsgefahr.

Bild 54:   *Allgemeine Regeln und erzielte Vorteile bei der Planung automatischer*

Produktionen

☐ <u>**Leitlinie 3:**</u> **Kompatibilität zu vor-/nachgelagerten Produktionsbereichen**

> ☐ Die Informationstechnik zwischen neuen und alten Anlagen muß möglichst einheitlich gestaltet sein. Die Vorteile neuer Informationstechniken in Verbindung mit neuen Anlagen gegenüber der bereits installierten Informationstechnik müssen offensichtlich sein. Einer erhöhten Leistungsfähigkeit bei der Datenerfassung und -verarbeitung können Schnittstellenprobleme und ein erhöhter Wartungsaufwand entgegenstehen.
>
> ☐ Das Layoutkonzept der bestehenden Produktionsumgebung sollte für eine neue Fertigungszelle vom Grundprinzip her übernommen werden, sofern dies keinen wichtigen Gestaltungsmaßnahmen widerspricht. Auf diese Weise kann die vorhandene Infrastruktur meist ohne großen Anpassungsaufwand genutzt werden.
>
> ☐ Sofern der Automatisierungsgrad neuer Anlagen und Fertigungszellen/-bereiche höher ist als in der Fertigungsumgebung, müssen die Arbeitsräume der Handhabungs-/ Transportsysteme klar von Verkehrswegen und Arbeitsräumen des Bedienpersonals abgegrenzt und sicherheitstechnisch überwacht werden.
>
> ☐ Eine Automatisierung des Transports zwischen Anlagen lohnt sich - sofern der Transport in der Fertigungsumgebung weiterhin manuell durchgeführt wird - nur, wenn signifikante Qualitäts- oder Produktivitätsvorteile erzielbar sind. Dabei ist jedoch zu beachten, daß an den Eingangs- und Ausgangsschnittstellen des automatisierten Bereiches gegebenenfalls ein erhöhter Handhabungs- bzw. Ummagazinieraufwand, verbunden mit einer Beschädigungsgefahr für die Produkte, entstehen kann.

Bild 55:   *Gesichtspunkte bzgl. der Kompatibilität von Fertigungsanlagen und -zellen*

☐ <u>**Leitlinie 4:**</u> **Vorgehensweise zur schrittweisen (Höher-)Automatisierung der Fertigung**

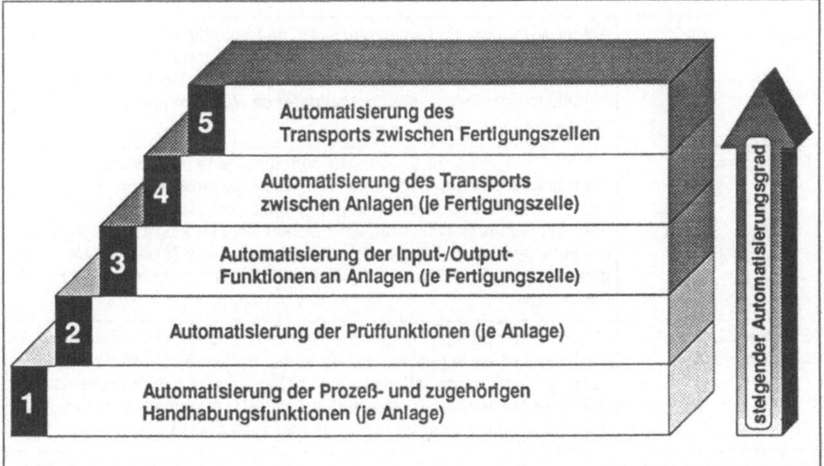

Bild 56:   *Schrittweises Vorgehen bei der Automatisierung der Fertigung*

6.3.3 Leitlinien zur räumlichen Anordnung und Automatisierung von Fertigungsanlagen und -modulen

Die folgenden Leitlinien unterstützen die räumliche Anordnung und Automatisierung von Modulen bzw. Anlagen innerhalb einer Zelle. Maßgeblichen Einfluß auf die Anordnung üben der Materialfluß sowie die Kontaminationsproblematik aus. Bei der Automatisierung der Anlagen und Module besteht ein zentrales Charakteristikum darin, ob anlagenintern oder -extern automatisiert wird.

❐ **Leitlinie 5: Anordnung von Anlagen und -modulen nach den Erfordernissen der Materialflußtechnik**

Breites Spektrum/ Vielzahl an Handhabungs-/ Transportobjekten	Anlagen/-module, die viele (unterschiedliche) Handhabungs-/ Transportobjekte benötigen, dürfen an keinen Extrempositionen (zu hoch, zu tief usw.) im Layout angeordnet werden, um einfache Kinematiken zu ermöglichen.
Komplexe Input-/ Output-Handhabungs- vorgänge	Anlagen/-module mit komplexen Input-/Output-Handhabungsvorgängen müssen so im Layout plaziert werden, daß zur (wahrscheinlichen) Position des Handhabungssystems kein zu großer Abstand bzw. keine eingeschränkte Zugänglichkeit entsteht. Auf diese Weise lassen sich ungünstige Konfigurationen und Betriebsmodi der Handhabungssysteme vermeiden.
Einfache Bewegungs- bahnen	Anlagen/-module müssen so angeordnet werden, daß einfache Bewegungsbahnen (Geraden, Kreise) zur Handhabung / zum Transport entstehen. Hierdurch läßt sich die Systemkomplexität minimieren und die Produktschonung erhöhen.
Zugänglichkeit	Anlagen/-module sind so zu plazieren, daß eine direkte Zugänglichkeit für Handhabungszwecke (von oben, von vorne) möglich ist. Bei wahlweiser manueller Bedienung müssen ergonomische Bedienhöhen berücksichtigt werden: Greifhöhen unter ca. 700 mm und über ca. 1800 mm sind zu vermeiden.
Raumausnutzung	Die Fertigungszelle bzw. -anlagen dürfen nur eine möglichst geringe Grundfläche belegen und müssen kurze Wege ermöglichen. Innerhalb des Reinraums sollten die Anlagen ggf. mit ihren Rückseiten entlang von Wänden aufgestellt sein, um Flächen nicht unnötig zu versperren. Layouts, bei denen Anlagen eine Reihenanordnung (einseitig oder sich gegenüberliegend) bzw. L- oder U-Anordnung einnehmen, sind zu bevorzugen.
Symmetrische Modulanordnung	Achsen- oder punktsymmetrische Anlagen-/Modulanordnungen ermöglichen einfache Kinematiken für Handhabungssysteme. Bei der Handhabung sehr kontaminationskritischer Objekte sind punktsymmetrische Anordnungen wegen der Anwendbarkeit (rein) rotatorischer Bewegungsachsen in Handhabungssystemen vorzuziehen.

Bild 57:   Materialflußorientierte Layoutanordnung

❏ **Leitlinie 6:** **Anordnung von Anlagen und -modulen zur Kontaminations-minimierung**

Module ohne Materialfluß	Module ohne Materialfluß oder Module mit hoher Zuverlässigkeit sollten an den ungünstigsten Stellen (bzgl. Zugänglichkeit) im Layout angeordnet werden.
Kontaminations-kritische Prozesse	Anlagen mit besonders kontaminationskritischen Prozessen müssen möglichst weit weg von Hauptverkehrswegen und Kreuzungen für Personal und Material sowie von Handhabungs- und Transportbereichen für Produkte aufgestellt werden.
Thermische und elektrostatische Prozesse	Zur Verminderung von Produktkontaminationen müssen die negativen Effekte durch thermisch bedingte Luftströmungen oder durch Elektrostatik bei der Modulpositionierung und -gestaltung berücksichtigt werden.
Modulanordnung bzgl. lokaler Strömung	Module mit Partikelemission sollten auf der der Strömung abgewandten Seite des Produktes angeordnet sein.

Bild 58:   Layoutanordnung zur Kontaminationsminimierung

❏ **Leitlinie 7:** **Interne Materialflußautomatisierung von Anlagen**

> Definition: Bei einer internen Materialflußautomatisierung befindet sich das Handhabungs-/Transportsystem entweder innerhalb der Anlage oder es ist fest mit (der Außenseite) der Anlage verbunden.

Interne Automatisierung vorzugsweise dann, wenn ...

❏ einfache Materialflußaufgaben bzw. prozeßunterstützende Aufgaben (Rotation des Produktes beim Beschichten usw.) durchzuführen sind.

❏ spezielle, hohe Anforderungen z. B. bezüglich Verfügbarkeit, Positioniergenauigkeit, Kontaminationsfreiheit oder Vibrationsarmut zu erfüllen sind.

❏ Prozesse durch Materialflußaufgaben so gering als möglich (von außen) gestört werden sollen.

❏ Materialflußaufgaben mit kurzen Taktzeiten und/oder mit einem hohen Produktdurchsatz zu realisieren sind.

❏ Materialflußaufgaben zeitgleich zu einem übergeordneten (externen) Handhabungs-/Transportsystem ausgeführt werden sollen.

Bild 59:   Anwendungsfälle für eine interne Materialflußautomatisierung

☐ **Leitlinie 8:** **Externe Materialflußautomatisierung von Anlagen**

> Definition: Bei einer externen Materialflußautomatisierung befindet sich das Handhabungs-/Transportsystem außerhalb der Anlage und ist mit ihr nicht dauernd verbunden.

Externe Automatisierung vorzugsweise dann, wenn ...

☐ eine hohe Aufgabenflexibilität (bzgl. Art der Aufgabe, Reihenfolge der Aufgabenschritte usw.) erforderlich ist.

☐ größere Entfernungen überbrückt bzw. ein großer Arbeitsraum abgedeckt werden müssen.

☐ Anlagen intern nicht automatisiert werden können, da sie ein zu geringes Volumen aufweisen bzw. keine partikelgenerierenden Submodule enthalten sein sollen.

☐ Materialflußaufgaben unregelmäßig (je Anlage) anfallen bzw. lange Taktzeiten möglich sind und/oder ein geringer Produktdurchsatz zu realisieren ist.

Bild 60: *Anwendungsfälle für eine externe Materialflußautomatisierung*

☐ **Leitlinie 9:** **Anordnung von Handhabungssystemen**

Typische Anordnungen für Handhabungssysteme bei interner und externer Automatisierung sind im folgenden dargestellt. Die Wahl einer bestimmten Anordnung hängt in erster Linie von der internen Gestaltung der Anlage/Module sowie möglichen bzw. erforderlichen Zugänglichkeiten ab.

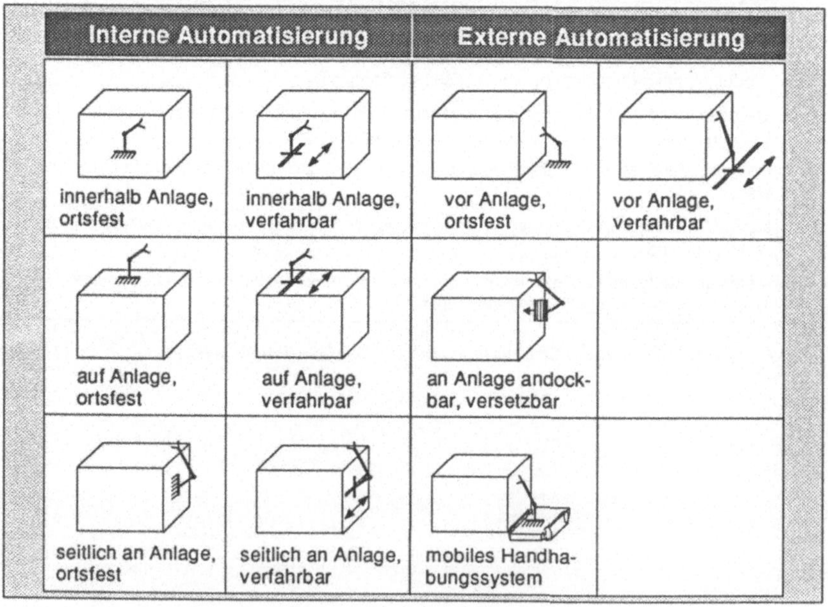

Interne Automatisierung		Externe Automatisierung	
innerhalb Anlage, ortsfest	innerhalb Anlage, verfahrbar	vor Anlage, ortsfest	vor Anlage, verfahrbar
auf Anlage, ortsfest	auf Anlage, verfahrbar	an Anlage andockbar, versetzbar	
seitlich an Anlage, ortsfest	seitlich an Anlage, verfahrbar	mobiles Handhabungssystem	

Bild 61: *Anordnungsmöglichkeiten für Handhabungssysteme*

6.3.4 Leitlinien zur Auswahl und Gestaltung von Materialflußsystemen

Die Auswahl und Gestaltung von Materialflußsystemen, d. h. Handhabungs-, Transport- und Puffersystemen, richtet sich zum einen nach den Anforderungen an die Leistungsfähigkeit sowie Reinraumtauglichkeit und zum anderen danach, ob Module einer Anlage, die gesamte Anlage, Fertigungszellen oder, teilweise davon abhängig, Fertigungsbereiche zu automatisieren sind.

❑ **Leitlinie 10: Auslegung wichtiger Handhabungs- und Transportsystemmodule**

❑ Der Endeffektor (z. B. Greifer) ist als produktnahes Modul von besonderer Bedeutung:
➡ Seine Form muß besonders strömungsgünstig sein.
➡ Die verwendeten Materialien müssen besonders korrosionsarm und - vor allem an den Greiferfingern - sehr abriebfest sein.
➡ Die bewegten Elemente sind zu kapseln und gegebenenfalls abzusaugen.

❑ Eine Verfahreinheit (bodengestützt) erweitert den Arbeitsraum, besonders von Handhabungssystemen, erheblich:
➡ Die Verfahreinheit sollte mit ihrer Mechanik weitmöglichst im Boden (Doppelboden) des Reinraums eingebaut sein. Idealerweise wird die Verbindung zum Verfahrschlitten des Handhabungssystems über einen oder zwei im Boden oberhalb der Verfahreinheit befindliche Schlitze hergestellt.

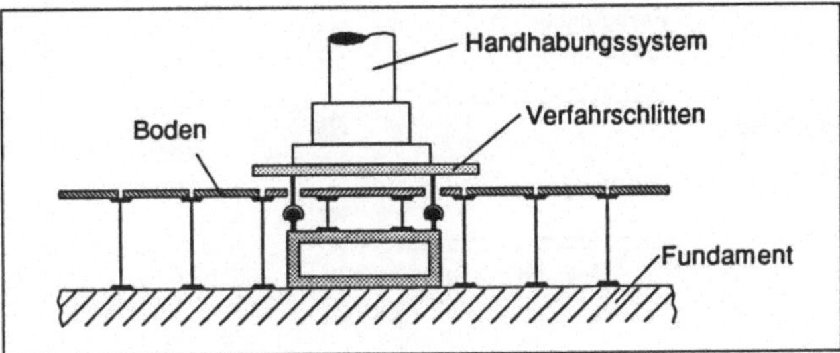

➡ Der Boden im Bereich der Verfahreinheit sollte betretbar sein und eine mit den übrigen Bodenflächen vergleichbare Luftdurchlässigkeit aufweisen.
➡ Trotz der tiefen, relativ kontaminationsunkritischen Lage sollte die Verfahreinheit samt Verfahrschlitten weitmöglichst aus korrosionsfesten Materialien bestehen.

Bild 62:   Auslegung wichtiger Module von Handhabungs- und Transportsystemen

❏ **Leitlinie 11: Auswahl eines Transportsystems für Fertigungsbereiche**

Zur Automatisierung des Transports zwischen bzw. innerhalb von Fertigungsbereichen eignen sich vor allem das Einschienen-Transportsystem (Monorailsystem) und mobile Roboter /67/. Die Bewertung der Transportsysteme erfolgt auf der Basis ihrer konstruktiven Eigenschaften sowie Erkenntnissen der Praxis.

Transportsystem Kriterium	Monorailsystem	Mobiler Roboter
flurgebunden	○	●
flurfrei	●	○
großer Abstand zwischen Anlagen	◐	●
Erfüllung von Transportaufgaben	●	●
Übernahme von Handhabungsaufgaben	○	●
komplexe Materialflußströme	◐	●
Häufige Umstellung von Fertigungsanlagen / häufige Fahrwegsveränderungen	○	●
hohe Zuverlässigkeit	●	◐
möglichst niedrige Investitions- und Betriebskosten	◐	◐

● geeignet   ◐ teilweise geeignet   ○ ungeeignet

Bild 63:   *Bewertung von Transportsystemen*

❏ **Leitlinie 12: Optimale Betriebsbedingungen für Handhabungs-/Transportsysteme**

❏ Für Handhabungs- und Transportsysteme möglichst geringe Beschleunigungen und Geschwindigkeiten (Faustregel: maximal 0,45 m/s) wählen. Vorteile:
➡ Die Strömungsverhältnisse werden kaum gestört.
➡ Mechanische Beschädigungen und Abrieb durch Vibrationen werden minimiert.
➡ Es sind sehr hohe Positioniergenauigkeiten erreichbar.

❏ Die Bewegungsbahnen der Produkte bzw. der Transport-/Handhabungshilfsmittel müssen möglichst gleichförmig, ohne plötzliche Richtungsänderungen und weit entfernt von potentiellen Partikelquellen verlaufen. Vorteile:
➡ Mechanische Beschädigungen (z. B. im Magazin) werden minimiert.
➡ Die Partikelkontamination wird reduziert.

Bild 64:   *Betriebsbedingungen für Handhabungs-/Transportsysteme*

❑ **Leitlinie 13:** **Gestaltung von Puffern**

❑ Zwei allgemein anwendbare Pufferprinzipien stellen das Regalprinzip und das inverse Treppenprinzip dar:

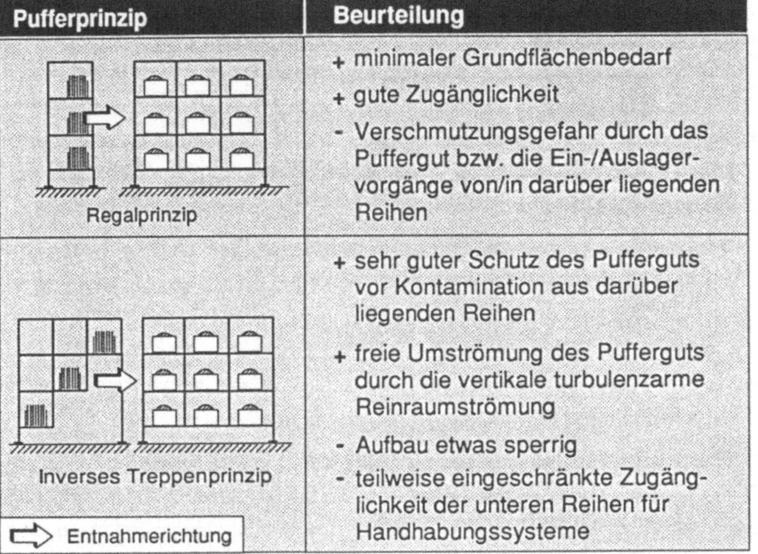

❑ Ablageprinzip in Pufferfächern:

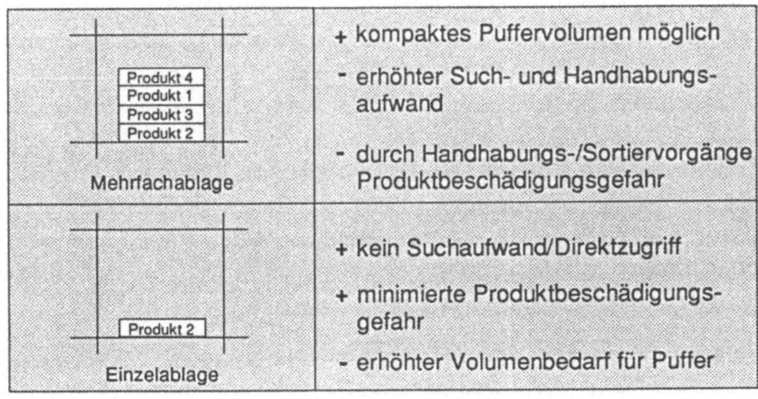

Bild 65:   Prinzipien zur Puffergestaltung

6.4 Nicht-experimentelle Bewertung der Reinraumtauglichkeit von Fertigungsanlagen

6.4.1 Ableitung einer Bewertungssystematik

Um eine hohe Reinraumtauglichkeit von Anlagen und -modulen zielgerichtet zu erreichen und reproduzierbar zu bewerten, wird eine geeignete Bewertungssystematik für die Anlagenkonzeption abgeleitet (*Bild 66*). Grundsätzlich muß bei der Bewertung der Reinraumtauglichkeit berücksichtigt werden, daß es neben den Reinraumtauglichkeitskriterien noch andere Kriterien wie Flexibilität oder Automatisierbarkeit gibt, die in Einzelfällen gleichgewichtig oder gar wichtiger sein können.

Es liegt im Ermessen des Anwenders zu entscheiden, in welchem Umfang die Bewertungssystematik angewendet werden soll. Jedoch empfiehlt es sich, sowohl die funktionelle Analyse als auch die konzeptionelle Gestaltung zu berücksichtigen, da beide Betrachtungsbereiche zu einer optimierten Reinraumtauglichkeit beitragen müssen. Innerhalb jedes Betrachtungsbereiches muß der Anwender entscheiden, ob nur die wichtigsten oder sämtliche Betrachtungsobjekte bewertet werden.

Bei der funktionellen Analyse bestehen die Betrachtungsobjekte aus einzelnen Funktionen, Funktionssequenzen und Funktionsnetzen. Bei der konzeptionellen Gestaltung kommen einzelne Module, Modulgruppen (z. B. zu einem Hauptmodul gehörende Submodule) oder Modulgesamtkonfigurationen für eine Bewertung in Frage.

Ziel der Anwendung der Bewertungssystematik ist es, mit Hilfe eines *Reinraumtauglichkeitswertes* eine quantifizierte Bewertung der Reinraumtauglichkeit eines, mehrerer oder aller Betrachtungsobjekte durchzuführen. Positive Reinraumtauglichkeitseigenschaften sind dabei niedrig zu bewerten. Dies leitet sich aus der Tatsache ab, daß nur eine ideale Anlage die Reinraumumgebung nicht negativ beeinflußt. Jede reale Anlage dagegen stört die Reinraumumgebung, wobei die Störung umso größer wird, je mehr "Störfaktoren" (z. B. Zahl bewegter Elemente) vorhanden sind. Der störende Einfluß einer idealen Anlage auf die Reinraumumgebung ist deshalb, ausgedrückt durch den Reinraumtauglichkeitswert, gleich Null, wohingegen der Reinraumtauglichkeitswert realer Anlagen immer (weit) größer als Null ist. Hieraus folgt, daß der Reinraumtauglichkeitswert eines Betrachtungsobjektes umgekehrt proportional zu dessen Reinraumtauglichkeit ist.

Hinsichtlich der Reinraumtauglichkeitskriterien ist zu beachten, daß ihre Ausprägungen zunächst entweder kardinal (z. B. Zahl emittierter Partikeln) oder nominal (z. B. gut-mittel-schlecht) bewertet werden. Um die Einzelwerte der Reinraumtauglichkeitskriterien miteinander vergleichbar zu machen, empfiehlt sich folgendes Vorgehen. Kardinale Werte werden immer normiert, so daß ihre maximale Schwankungsbreite zwischen 0 und 1 liegt. Nominale Werte werden ebenfalls in diese Schwankungsbreite eingeordnet, indem dem besten Wert eine "0" (oder ein Wert nahe "0") und dem schlechtesten Wert eine "1" (bzw. ein Wert nahe "1") zugeordnet werden. Je nach Abstufung der nominalen Werte werden zwischen "0" und "1" entsprechende Zwischenwerte zugeordnet.

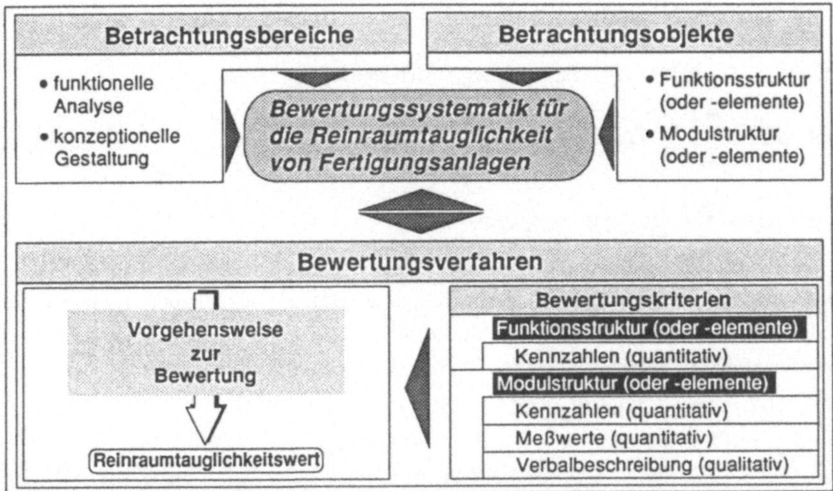

Bild 66:   *Ableitung der Systematik zur Bewertung der Reinraumtauglichkeit*

Da es verschiedene Kriterien unterschiedlicher Bedeutung gibt, um die Reinraumtauglichkeit jedes Objektes zu bewerten, ergibt sich der Reinraumtauglichkeitswert jedes Bewertungsobjektes als Summe aus den gewichteten Einzelbewertungen jedes Kriteriums.

Für einzelne Funktionen und Funktionssequenzen gilt daher (Anm.: Sämtliche im folgenden verwendeten Abkürzungen werden im Anschluß an die hergeleiteten Formeln erläutert):

$$RW\_FUNK_i = \left(\sum_{k=1}^{p} G_k RW\_FKRIT_k \right)_i \tag{1}$$

und bei Modulen und Modulgruppen

$$RW\_MOD_j = \left(\sum_{l=1}^{q} G_l RW\_MKRIT_l \right)_j \tag{2}.$$

Die Reinraumtauglichkeitswerte für die Funktionsnetze bzw. Modulgesamtkonfigurationen stellen jeweils die Summen aus den Reinraumtauglichkeitswerten der einzelnen Betrachtungsobjekte dar:

$$RW\_FN = \sum_{i=1}^{m} RW\_FUNK_i \qquad\qquad (3) \text{ bzw.}$$

$$RW\_MK = \sum_{j=1}^{n} RW\_MOD_j \qquad\qquad (4).$$

Mit (1) in (3) und (2) in (4) eingesetzt ergibt sich somit

$$RW\_FN = \sum_{i=1}^{m}\left(\sum_{k=1}^{p} G_k RW\_FKRIT_k \right)_i \qquad\qquad (5) \text{ bzw.}$$

$$RW\_MK = \sum_{j=1}^{n}\left(\sum_{l=1}^{q} G_l RW\_MKRIT_l \right)_j \qquad\qquad (6).$$

Den Vergleich vollständiger Anlagenkonzepte ermöglicht die Bildung resultierender Anlagen-Reinraumtauglichkeitswerte, welche die Summe der Reinraumtauglichkeitswerte aller Funktionen, Funktionssequenzen, Module und Modulgruppen darstellen:

$$RW\_AN = RW\_FN + RW\_MK \qquad\qquad (7).$$

Mit (5) und (6) in (7) eingesetzt ergibt sich somit für den resultierenden Anlagen-Reinraumtauglichkeitswert:

$$RW\_AN = \sum_{i=1}^{m}\left(\sum_{k=1}^{p} G_k RW\_FKRIT_k \right)_i + \sum_{j=1}^{n}\left(\sum_{l=1}^{q} G_l RW\_MKRIT_l \right)_j \qquad (8).$$

Erläuterung der in den Formeln verwendeten Abkürzungen:

G	Gewichtungsfaktor	RW_FUNK	Reinraumtauglichkeitswert einer Funktion oder Funktionssequenz
RW_AN	Reinraumtauglichkeitswert einer Anlage	RW_MK	Reinraumtauglichkeitswert einer Modulgesamtkonfiguration
RW_FKRIT	Reinraumtauglichkeitswert eines Kriteriums einer Funktion/ Funktionssequenz	RW_MKRIT	Reinraumtauglichkeitswert eines Kriteriums eines Moduls/einer Modulgruppe
RW_FN	Reinraumtauglichkeitswert eines Funktionsnetzes	RW_MOD	Reinraumtauglichkeitswert eines Moduls oder einer Modulgruppe

Die Vorgehensweise zur Ermittlung der Reinraumtauglichkeitswerte kann aus Gründen der Informationsbeschaffung nur bottom-up erfolgen. Für jedes zu bewertende Objekt der Funktionsstruktur und der Modulstruktur der Anlage werden die einzelnen Kriterien ermittelt bzw. ausgewählt, bewertet und gegebenenfalls aggregiert (*Bild 67*).

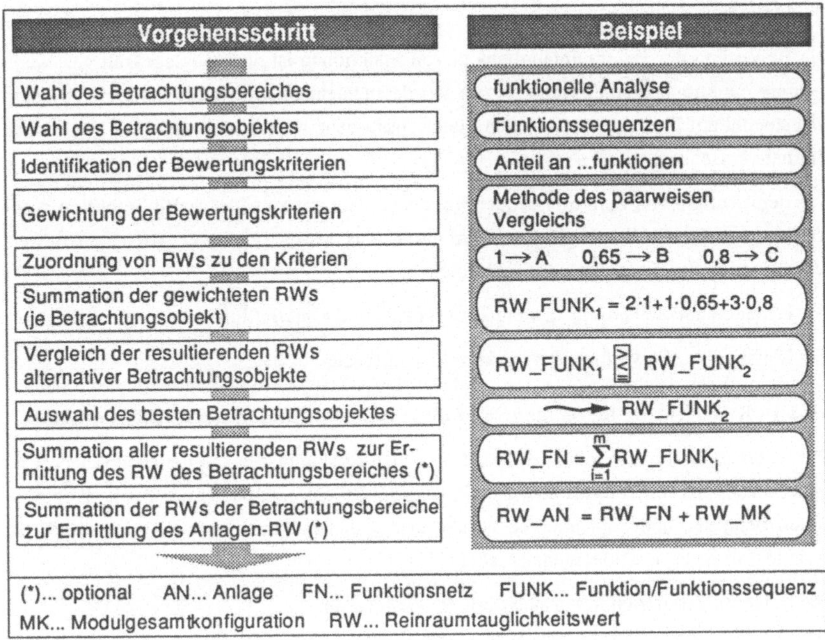

$$1 \rightarrow A \qquad 0,65 \rightarrow B \qquad 0,8 \rightarrow C$$

$$RW\_FUNK_1 = 2 \cdot 1 + 1 \cdot 0,65 + 3 \cdot 0,8$$

$$RW\_FUNK_1 \gtreqless RW\_FUNK_2$$

$$\longrightarrow RW\_FUNK_2$$

$$RW\_FN = \sum_{i=1}^{m} RW\_FUNK_i$$

$$RW\_AN = RW\_FN + RW\_MK$$

Bild 67:   Vorgehensweise zur Ermittlung der Reinraumtauglichkeitswerte

6.4.2   Kriterien zur Bewertung der Funktionsstruktur

Die Kriterien zur Bewertung der Reinraumtauglichkeit richten sich wie folgt an den Betrachtungsobjekten "Funktionen" und "Funktionssequenzen" aus:

❏   Funktionen

Die Bewertung einer einzelnen Funktion ist nur möglich, wenn alternative Funktionen derselben Funktionsart bekannt sind oder wenn die Funktionen für sich, d. h. ohne den Vergleich mit anderen Funktionen zu ziehen, bewertbar sind. In diesem Fall müssen für die Funktionen absolute Aussagen getroffen werden, was nur auf Basis der Funktionsattribute möglich ist. Die Bewertung von Funktions*arten* macht nur im Zusammenhang mit anderen Funktionen Sinn.

Attribute eignen sich jedoch nur dann als Bewertungskriterien, wenn es bekannte vorteilhafte Ausprägungen oder anerkannte Grenzwerte gibt. Die wichtigsten Bewertungskriterien für die besonders partikelkontaminationskritischen Handhabungs- und Transportfunktionen sind Bewegungsart (z. B. rotatorisch statt translatorisch), Geschwindigkeit, Beschleunigung und Zeitdauer.

110

❏ Funktionssequenzen

Die Bewertung der Reinraumtauglichkeit von Funktionen ist noch aussagekräftiger, wenn mehrere Funktionen gemeinsam bzw. im Vergleich zueinander beurteilt werden. Dies kann sich sowohl auf Funktionen derselben Funktionssequenz beziehen als auch auf Funktionen alternativer Sequenzen.

Aus dem Aufbau von Funktionssequenzen, der Bedeutung von Materialflußfunktionen sowie aus den Randbedingungen der Reinraumtechnik lassen sich zwei Arten von Bewertungskriterien für Funktionssequenzen ableiten:

- Kriterien zur Bewertung von Funktionsanzahl und Materialflußfunktionen sowie

- Kriterien zur Bewertung des strukturellen Aufbaus.

6.4.2.1 Kriterien zur Bewertung von Funktionsanzahl und Materialflußfunktionen

Die Kriterien lassen sich aus zwei grundsätzlichen Erkenntnissen ableiten. Zum einen sind Materialflußfunktionen aus reinraumtechnischer Sicht störend, da sie zur Partikelkontamination beitragen und zum anderen ist aus dem gleichen Grund generell eine möglichst geringe Zahl von Funktionen anzustreben.

Die Bewertungskriterien leiten sich deshalb wie folgt ab:

❏ Anzahl an Funktionen

Je weniger Funktionen - gleich welcher Funktionsart - im Reinraum ablaufen, desto geringer wird die von den Funktionen erzeugte bzw. ermöglichte partikuläre Kontamination der Produkte.

❏ Anteil an Handhabungs- bzw. Transportfunktionen

Die Partikelemissionsproblematik bei reibungsbehafteten Bewegungen erfordert prinzipiell eine möglichst geringe Zahl an Handhabungs- und Transportfunktionen. D. h., daß ein möglichst geringer Anteil dieser "unproduktiven" Funktionen anzustreben ist.

❏ Anteil an Puffer- bzw. Lagerfunktionen

Das Vermeiden von Puffer-/Lagerfunktionen verringert grundsätzlich die Partikelkontamination durch den Wegfall von (unnötigen) Expositionszeiten der Produkte in der Reinraumluft.

❏ Anteil an rotatorischen Handhabungs- bzw. Transportfunktionen

Bei vergleichbaren Handhabungs-/Transportfunktionen ist diejenige Funktionssequenz besser geeignet, die mehr rotatorische Bewegungen enthält (günstigere Partikelemissionseigenschaften).

Bild 68 gibt einen Überblick über die hergeleiteten Kennzahlen der Bewertungskriterien.

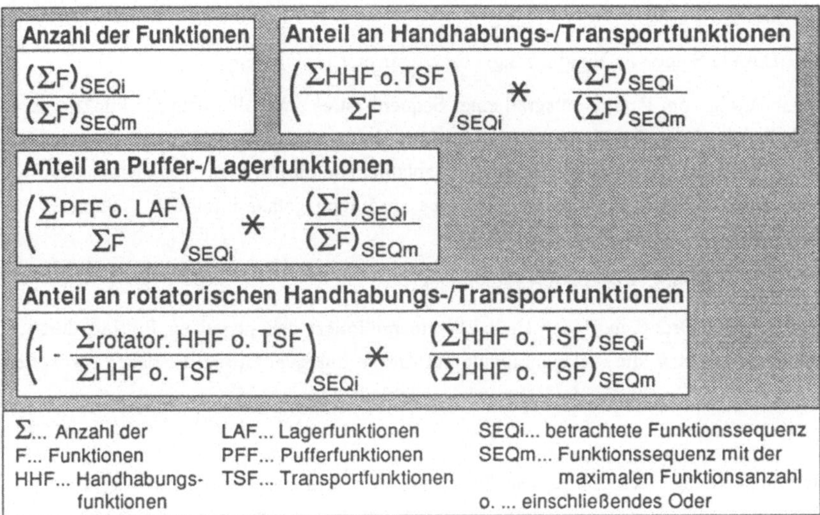

Bild 68:   *Kennzahlen zur Bewertung von Funktionsanzahl und Materialflußfunktionen innerhalb von Funktionssequenzen*

6.4.2.2 Kriterien zur Bewertung des strukturellen Aufbaus

Die Strukturierung der Funktionen einer Sequenz kann ihre Reinraumtauglichkeit stark beeinflussen, da - wie nachfolgend hergeleitet wird - es nicht gleichgültig ist, ob Funktionen parallel oder sequentiell ausgeführt werden und wie häufig das Produkt seinen Ort wechseln muß bzw. Funktionen der Handhabung und des Transports ausgesetzt ist.

❑ Wiederholungsgrad von Funktionen

Werden (nahezu) identische Funktionen derselben Funktionsart mehrfach, d. h. zeitlich hintereinander, verwendet, so kann dies günstig sein, da der Funktionsumfang und der davon abhängige Hardwareaufwand reduziert werden. Dies gilt besonders für Handhabungs- und Transportfunktionen, da hierdurch u. a. auch Partikelquellen minimiert werden können. Sollen beispielsweise aus zwei nebeneinander liegenden Magazinen Wafer entnommen und in ein drittes Magazin umsortiert werden, so kann es sinnvoll sein, die Vorgänge sequentiell mit der gleichen Funktion auszuführen, anstatt parallel mit zwei verschiedenen Funktionen.

❑ Parallelitätsgrad der Funktionssequenz

Um die Verweildauer von Produkten in Anlagen kurz zu halten, sollten Funktionen möglichst parallel ablaufen. Dies darf allerdings keine erhöhte Produktkontamination verursachen.

☐ Direkte Folge von Handhabungs- bzw. Transportfunktionen

Unabhängig vom Parallelitätsgrad einer Sequenz ist es sinnvoll, wenn die Funktionen der Handhabung oder des Transports für dasselbe Hauptobjekt möglichst ohne Unterbrechung durch Funktionen anderer Funktionsarten ablaufen, da dies u. a. den Handhabungsaufwand und damit die Produktkontaminations-/-beschädigungsgefahr minimiert (selteneres Aufnehmen/Absetzen des Produktes).

☐ Änderung des Ortes für das Hauptobjekt

Ein seltener Ortswechsel der Hauptobjekte minimiert den negativen Einfluß durch die Handhabung bzw. die Anlagenmodule auf die Produktqualität und ist daher ein weiteres Kriterium zur Bewertung der Reinraumtauglichkeit.

Die abgeleiteten Kennzahlen zur Bewertung der Reinraumtauglichkeit des strukturellen Aufbaus sind in *Bild 69* dargestellt.

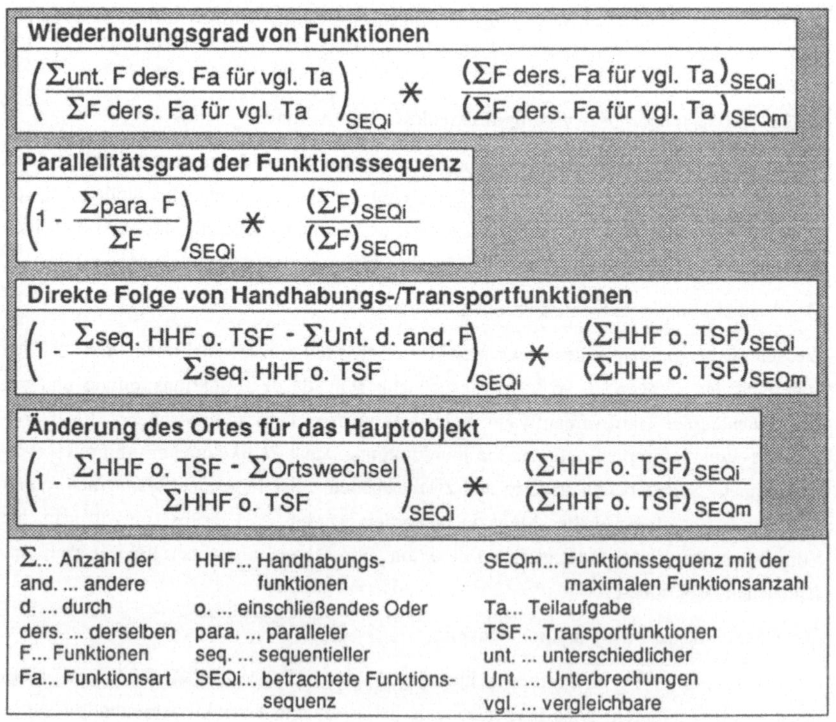

$$\left(\frac{\Sigma\text{unt. F ders. Fa für vgl. Ta}}{\Sigma\text{F ders. Fa für vgl. Ta}}\right)_{SEQi} * \frac{(\Sigma\text{F ders. Fa für vgl. Ta})_{SEQi}}{(\Sigma\text{F ders. Fa für vgl. Ta})_{SEQm}}$$

$$\left(1 - \frac{\Sigma\text{para. F}}{\Sigma\text{F}}\right)_{SEQi} * \frac{(\Sigma\text{F})_{SEQi}}{(\Sigma\text{F})_{SEQm}}$$

$$\left(1 - \frac{\Sigma\text{seq. HHF o. TSF} - \Sigma\text{Unt. d. and. F}}{\Sigma\text{seq. HHF o. TSF}}\right)_{SEQi} * \frac{(\Sigma\text{HHF o. TSF})_{SEQi}}{(\Sigma\text{HHF o. TSF})_{SEQm}}$$

$$\left(1 - \frac{\Sigma\text{HHF o. TSF} - \Sigma\text{Ortswechsel}}{\Sigma\text{HHF o. TSF}}\right)_{SEQi} * \frac{(\Sigma\text{HHF o. TSF})_{SEQi}}{(\Sigma\text{HHF o. TSF})_{SEQm}}$$

Bild 69:   Kennzahlen zur Bewertung des strukturellen Aufbaus

6.4.3 Kriterien zur Bewertung der Modulstruktur

Vor der Ableitung von Bewertungskriterien ist zunächst zu hinterfragen, inwieweit sich die Kriterien spezifisch auf einzelne Module und Modulgruppen beziehen müssen.

❏ Einzelne Module

Die Bewertung einzelner Module ist die Voraussetzung, um aus der Vielfalt alternativer Lösungen für dieselbe Funktionalität die optimale Lösung zu ermitteln und die konzeptionelle Gestaltung fortzusetzen.

❏ Modulgruppen

Da manche reinraumrelevanten Eigenschaften bei einzelnen Modulen nicht oder nur teilweise sichtbar werden und bei mehreren zusammenhängenden Modulen Eigenschaften einzelner Module sich verstärken oder abschwächen können, sind für Modulgruppen geeignete Bewertungskriterien heranzuziehen. Dies können sowohl Kriterien sein, die auch für einzelne Module gültig sind als auch Kriterien, die nur bei gemeinsamer Betrachtung mehrerer Module eine Aussage ergeben.

Bei der Identifikation einzelner Bewertungskriterien für die Reinraumtauglichkeit von Modulstrukturen spielen die zugehörigen prinzipiellen Einflußfaktoren auf die Partikelkontamination eine entscheidende Rolle. D. h., daß vor allem die Partikelquellen und die Partikelverbreitung zu optimieren sind. Berücksichtigt man die Dominanz der Materialfluß- und Strömungstechnik sowie reinraumtechnische Randbedingungen, so lassen sich sechs übergeordnete Kriteriengruppen ableiten. Diese betreffen in unterschiedlichem Maße einzelne Module bzw. Modulgruppen:

- Materialien (nur einzelne Module),

- Realisierung von Bewegungen (hauptsächlich einzelne Module),

- Handhabung und Transport (einzelne Module und Modulgruppen),

- Strömungstechnik (einzelne Module und Modulgruppen),

- Sonstige mechanische/physikalische Eigenschaften (einzelne Module und Modulgruppen) sowie

- Räumliche Anordnung (Modulgruppen).

Bild 70 zeigt beispielhaft wichtige abgeleitete Kriterien. Ihr Einfluß auf das Produkt sowie die Art der Bewertung werden aufgeschlüsselt. Dies beinhaltet auch Angaben darüber, ob ein Kriterium meßtechnisch bewertbar ist. Sofern Meßwerte von vergleichbaren Anwendungsfällen bekannt sind oder über Versuche ermittelt wurden, können diese statt einer (halb)qualitativen Bewertung verwendet werden.

Charakterisierung / Kriterium	Art der Bewertung			Einfluß auf Produkt		
	qualitativ[1]	quantitativ[2]				
	mehr-stufig	Kenn-zahl	Meß-wert[3]	Partikel-kontamination	Kanten-ausbrüche	Oberflächen-beschädigungen
Materialien						
Materialpaarung	●	○	●	▲	△	△
Realisierung von Bewegungen						
Bewegungsart	●	○	○	▲	△	△
Antriebsart	●	○	●	▲	△	△
Art Antriebsübertragungselement	●	○	●	▲	△	△
Art Führung	●	○	●	▲	△	△
Art Lager	●	○	●	▲	△	△
Zahl bewegter Elemente/Reibstellen	○	●	○	▲	△	△
Schwingungserregung	●	○	●	▲	▲	▲
Räumliche Anordnung						
Entfernung Partikelquelle zum Produkt	●	○	●	▲	△	△
Position Partikelquelle zum Produkt	●	○	●	▲	△	△
Entfernung Wärmequelle zum Produkt	●	○	●	▲	△	△
Position Wärmequelle zum Produkt	●	○	●	▲	△	△

1) Die qualitative (verbale) Bewertung sollte etwa 3 bis 5 Stufen umfassen, um eine ausreichende und praxisgerechte Bewertung zu ermöglichen. Es empfiehlt sich, diese quantitativ (z. B. 0; 0,5; 1) als Kennzahl auszudrücken.
2) Die Kennzahlen sollten auf "1" (Maximalwert) normiert werden; dies gilt auch für Meßwerte der Partikelemission usw.
3) Z. B. Anzahl emittierter Partikeln oder Abstand zwischen zwei Modulen.

Art der Bewertung:
● ... zutreffend   ○ ... nicht zutreffend

Einfluß auf Produkt:
▲ ...vorhanden   △ ... nicht vorhanden

Bild 70:   *Kriterien zur Bewertung der Reinraumtauglichkeit (Beispiele)*

7 Anwendung des Verfahrens am Beispiel der Konzeption einer automatischen Fertigungszelle zur Waferkontaminationsmessung

Im Rahmen der Entwicklung einer automatischen Fertigungszelle zur Messung der partikulären Kontamination von Wafern soll die Anwendbarkeit des entwickelten Verfahrens in der Praxis erprobt werden. Der Grund für die Entwicklung der Fertigungszelle liegt am großen Bedarf an sauberen Wafern bzw. an Wafern mit bekannter partikulärer Kontamination für Meßzwecke (Sedimentationsuntersuchungen), wobei die Zahl der verfügbaren Wafer begrenzt ist. Ziel der Entwicklung ist es daher, die Wafer automatisch auf Partikelkontamination zu untersuchen und dem Anwender definierte Reinheitsklassen an Wafern zur Verfügung zu stellen.

Der Ablauf der Tätigkeiten zur Waferkontaminationsmessung, die der Entwicklung zugrunde liegen, ist wie folgt: Die zu untersuchenden Wafer befinden sich in Carriern, welche von Operatoren geholt, oft über größere Entfernungen transportiert (Kontaminationsgefahr!) und auf die Eingabeschnittstelle eines Oberflächenscanners gestellt werden. Dieser vermißt die partikuläre Kontamination jedes einzelnen Wafers automatisch und ist in der Lage, ab einem einstellbaren Grenzwert "Ausschuß" zu erkennen und in einen ebenfalls manuell bereitgestellten zweiten Carrier auszusortieren. Beide Carrier müssen nach Beendigung eines Meßzyklus manuell zu einem Pufferregal innerhalb des Reinraums gebracht werden.

7.1 Aufstellen des Anforderungskataloges

Die wesentlichen Punkte des Anforderungskataloges (Lastenheftes) für die Fertigungszelle sind in *Bild 71* aufgeführt.

Der Erstellung des Lastenheftes ging eine umfangreiche Analyse der Ausgangssituation und der Zielvorstellungen, die mit der zu entwickelnden Fertigungszelle verbunden sind, voraus. Grundlage hierfür waren sowohl die Abläufe bei manuell durchgeführten Waferkontaminationsmessungen und -klassifizierungen als auch Möglichkeiten und Randbedingungen automatischer Fertigungszellen. Gemäß der Analyse lassen sich die Anforderungen des Lastenheftes in die Klassen

- Produkt,

- Aufgaben,

- Anlagen und

- Allgemeines

untergliedern.

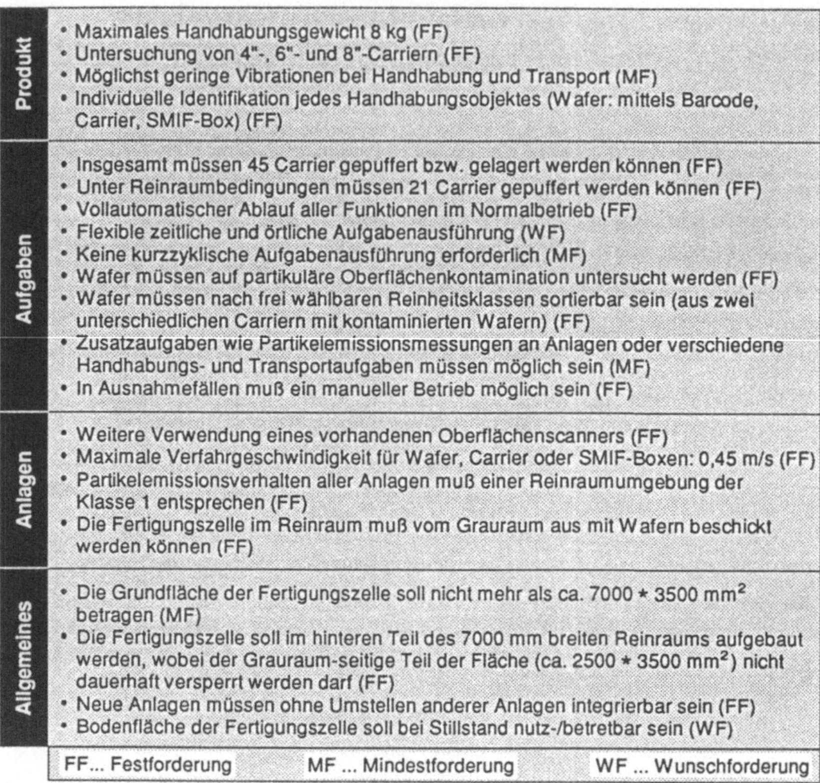

Bild 71:   Lastenheft für die Konzeption der automatischen Fertigungszelle

7.2   Durchführung der funktionellen Analyse

Unter Berücksichtigung des Lastenheftes wird mit Hilfe der erarbeiteten Methode und der zugehörigen Hilfsmittel die funktionelle Analyse für die Fertigungszelle durchgeführt.

In der **Phase 1** erfolgt zuerst die *Wahl des Betriebsmodus*. Da laut Lastenheft keine Tätigkeiten wie automatische Instandhaltung erforderlich sind, die zum Nicht-Normalbetrieb gehören würden, ist nur der Normalbetrieb zu betrachten. Die *Ermittlung der Gesamtfunktion*, die sich auf das Hauptobjekt "Wafer" bezieht, ergibt als Gesamtfunktion der Fertigungszelle "Prüfen", da der Hauptzweck in der automatischen Partikelemissionsmessung von Wafern besteht. Die *Zuordnung der Attribute* ist in *Bild 72* dargestellt (Anm.: Aus Platzgründen und weil die indirekten Attribute für das Verständnis der Durchführung einer funktionellen Analyse nicht erforderlich sind, wird im folgenden auf deren Wiedergabe verzichtet).

(Wafer,1;Fertigungszelle) ➡ prüfen (1)

Bild 72:   Zuordnung von direkten Attributen zur Gesamtfunktion

Die *Dekomposition der Gesamtfunktion in normierte Basisfunktionen* stellt den Beginn von **Phase 2** dar. Bei der Ermittlung der normierten Basisfunktionen ist zu berücksichtigen, daß für eine flexible automatische Fertigungszelle neben dem eigentlichen Zweck ("Prüfen") vor allem Materialflußfunktionen relevant sind. Teilweise leiten sich diese direkt aus dem Lastenheft ab (*Bild 73*).

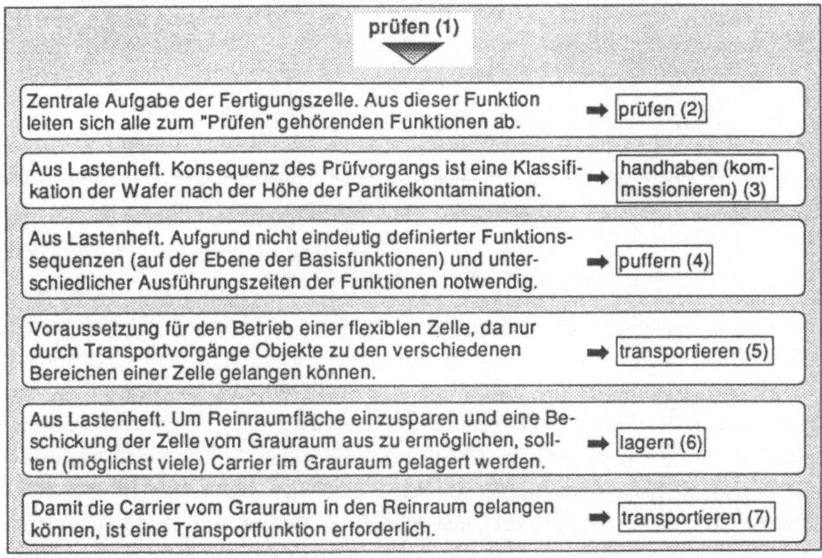

Bild 73:   Dekomposition der Gesamtfunktion in normierte Basisfunktionen

Bei der *Zuordnung der* direkten *Attribute* zu den normierten Basisfunktionen (*Bild 74*) ist zu beachten, daß auf dieser Detaillierungsebene neben den Hauptobjekten bereits unterschiedliche Nebenobjekte sowie Orte auftreten können. Aus Kontaminations- und Materialflußgründen sollten nur diejenigen normierten Basisfunktionen direkt auf die Wafer einwirken, bei denen es unvermeidlich ist. Bei allen anderen Basisfunktionen können sich die Wafer in Carriern befinden. Diejenigen Wafer, die in den Grauraum gelangen, müssen gegen partikuläre Kontamination mit einem zusätzlichen Behälter (SMIF-Box) geschützt werden.

Bei der Definition des Ortes ist zunächst grundsätzlich zwischen Funktionen, die unbedingt im Reinraum ausgeführt werden müssen, und solchen, die im Grauraum ablaufen können, zu unterscheiden. Innerhalb des Reinraums bzw. der Fertigungszelle ist zu entscheiden, welche Funktionen von ihrem Charakter her einen eigenen Ort definieren und welche übergeordnet für die gesamte Fertigungszelle gelten und deshalb keinem einzigen Bereich der Zelle direkt zuordenbar sind.

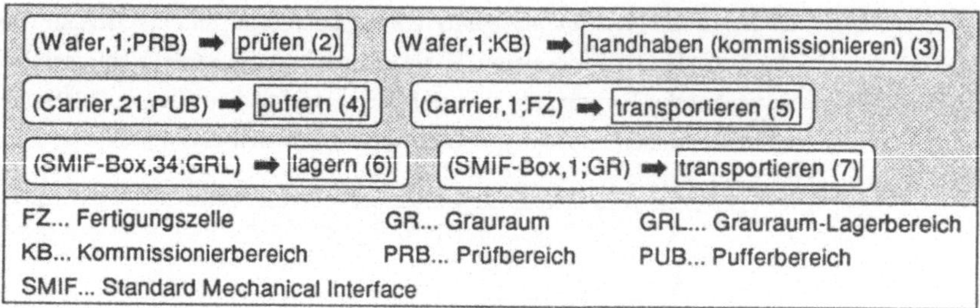

Bild 74:   Zuordnung der direkten Attribute zu den normierten Basisfunktionen

Da es sich um eine flexible Zelle, d. h. eine Zelle ohne definierbare übergeordnete Abläufe von Funktionen handelt, ist eine *Bildung von Funktionssequenzen* nicht möglich. Eine *Beurteilung der Reinraumtauglichkeit* ist zu diesem Zeitpunkt nicht erforderlich, da nur sehr wenige Funktionen und keine Funktionssequenzen vorliegen.

Die **Phase 3** beginnt mit der *Dekomposition der Basisfunktionen in Teilfunktionen des nächst höheren Detaillierungsgrades*. Sinnvollerweise wird mit den zum Hauptobjekt (Wafer) gehörenden Funktionen begonnen (vgl. Leitliniengruppe 2 aus Kap. 6.1.2). Eine Dekomposition der Basisfunktion "prüfen (2)" ist jedoch nicht erforderlich, weil laut Lastenheft eine geeignete Anlage (Oberflächenscanner) zur Verfügung steht, die alle erforderlichen Teilfunktionen ausführt. Da bereits zu diesem frühen Zeitpunkt eine genau definierte Anlage zur Verfügung steht, muß im weiteren Verlauf der funktionellen Analyse besonders auf eine geeignete, zu den noch zu gestaltenden Anlagen kompatible Materialflußanbindung geachtet werden.

Bild 75 zeigt die Dekomposition am Beispiel der normierten Basisfunktion "handhaben (kommissionieren) (3)". Unter Berücksichtigung der bisher ermittelten Funktionen sowie der Anforderungen des Lastenheftes lassen sich aus der Basisfunktion "handhaben (kommissionieren)" sieben Teilfunktionen ableiten. Diese sieben Teilfunktionen sind das typische Ergebnis einer Dekomposition, die rein intuitiv abläuft.

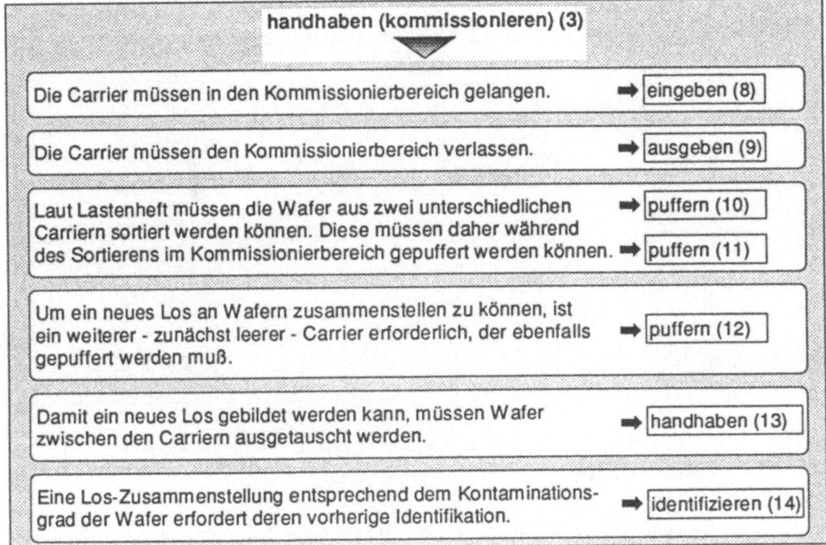

Bild 75:   *Dekomposition der Basisfunktion handhaben (kommissionieren)*

Die Teilfunktionen umfassen jedoch noch nicht den gesamten Lösungsraum, wie die Anwendung der Leitlinie 1.5 aus Kap. 6.1.2 zeigt. Aus dem Blickwinkel einer möglichen weitgehenden Parallelisierung der Teilfunktionen ergeben sich noch sieben weitere Teilfunktionen (*Bild 76*).

In diesem Beispiel werden die Schnittstellenfunktionen des Materialflusses (eingeben, ausgeben) mitbetrachtet, da zu diesem Zeitpunkt nicht klar ist, ob diese Funktionen später einmal von der Anlage zum Handhaben (Kommissionieren) selbst oder einem übergeordneten Transportsystem der Fertigungszelle ausgeführt werden.

Die *Zuordnung der Attribute* erfolgt analog zur Phase 2. Nebenobjekte sind die drei Carrier (zwei Input-, ein Output-Carrier). Als Orte ergeben sich Teilbereiche (z. B. Eingabebereich) innerhalb des Kommissionierbereichs.

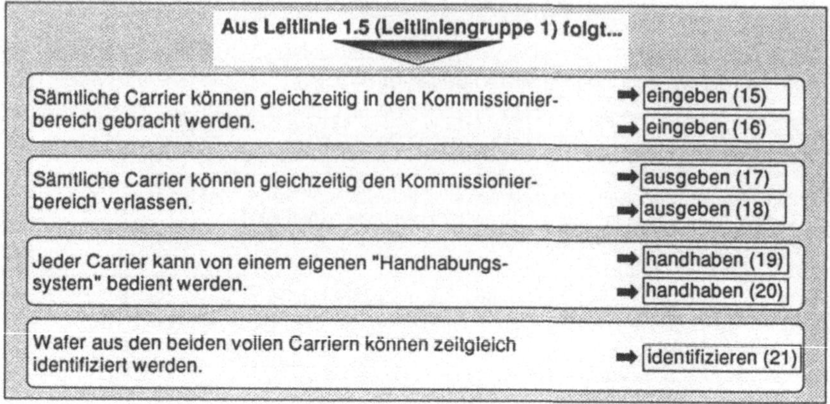

Bild 76:   *Vervollständigung der Dekomposition der Basisfunktion handhaben (kommissionieren)*

Die *Bildung/Auswahl von Funktionssequenzen* spielt für die Teilfunktionen des Kommissionierbereichs eine wichtige Rolle. Aufgrund der Vielzahl der Teilfunktionen sind hier mehrere alternative Funktionssequenzen möglich. Diese können mittels der Leitlinien der Leitliniengruppe 1 bis 4 (Kap. 6.1.2) abgeleitet werden. *Bild 77* zeigt beispielhaft das Vorgehen bei der Ableitung einer Funktionssequenz.

Eine repräsentative Auswahl der mit Hilfe der Leitlinien abgeleiteten Funktionssequenzen zeigt *Bild 78*. Die übergeordneten Unterscheidungsmerkmale der Sequenzen sind

- die Anzahl der verwendeten Funktionen,

- die Anzahl der wiederholt auftretenden Funktionen sowie

- der Anteil an parallel ausführbaren Funktionen (Parallelitätsgrad).

Bevor die gebildeten Funktionssequenzen im Rahmen der funktionellen Analyse weiter betrachtet werden, ist ihre grundsätzliche technische Realisierbarkeit abzuschätzen. Daraus ergibt sich, daß die Funktionssequenzen 4 und 5 kritisch zu beurteilen sind. Der Grund hierfür ist die gleichzeitige Ausführung von Waferhandhabung und -identifikation, was mit hoher Wahrscheinlichkeit zu aufwendigen und weniger zuverlässigen technischen Lösungen (geeignete käufliche Systeme sind nicht bekannt) führt. Im einzelnen sind folgende Nachteile zu erwarten: hoher Entwicklungsaufwand, eingeschränkte Lesesicherheit, große bewegte Massen, erhöhte Partikelemissionsgefahr in Produktnähe usw. Die Funktionssequenzen 4 und 5 werden daher im folgenden nicht mehr weiter berücksichtigt.

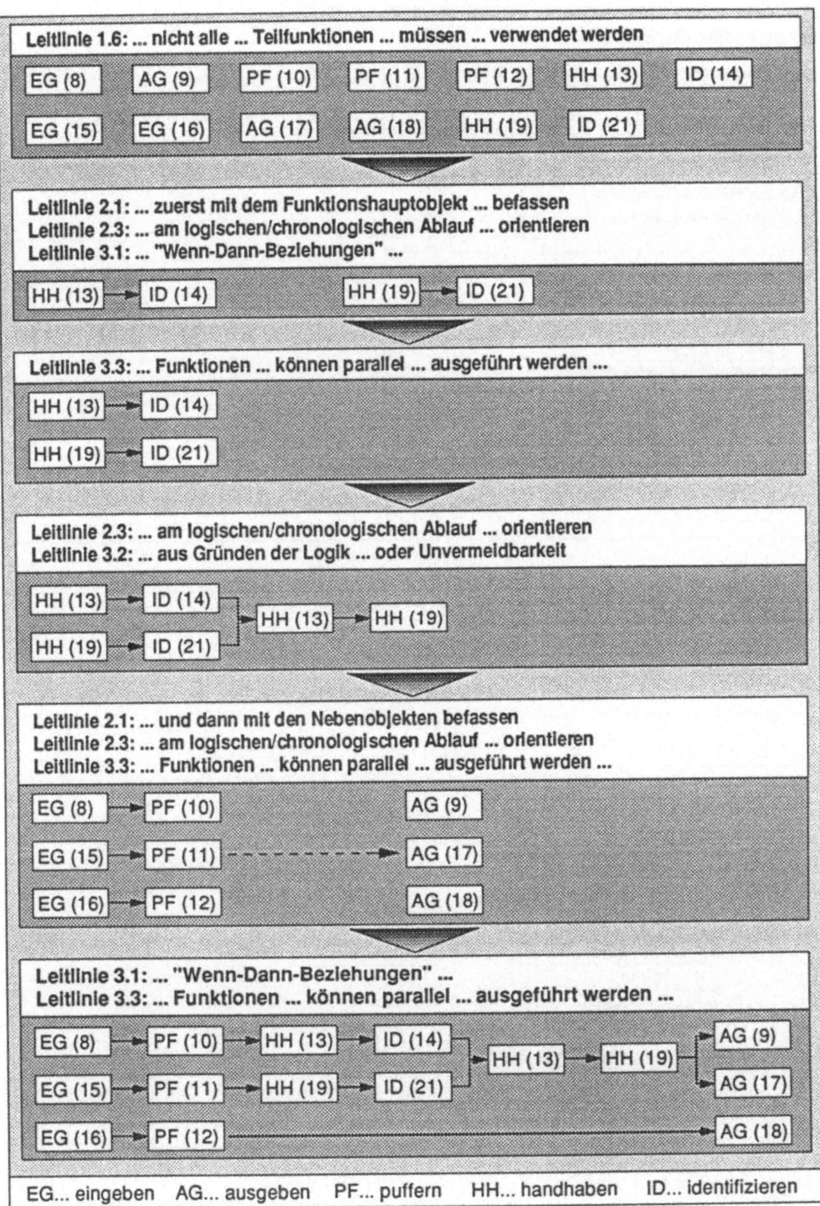

Bild 77: Ableitung einer Funktionssequenz

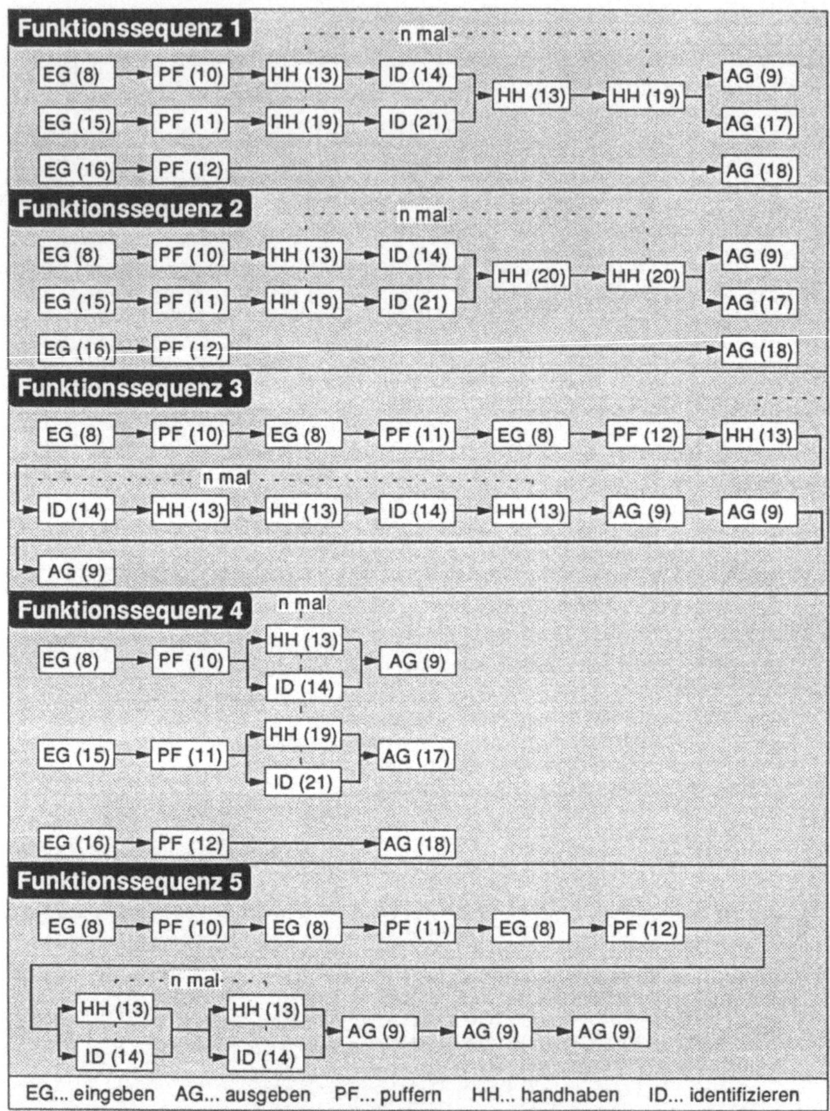

Bild 78: *Repräsentative Beispiele für die abgeleiteten Funktionssequenzen*

Die *Beurteilung der Reinraumtauglichkeit* zur Auswahl der "besten" Funktionssequenz erfolgt nach der Abschätzung der technischen Realisierbarkeit. Hierzu sind zunächst die zutreffenden Bewertungskriterien zu identifizieren und gegeneinander zu gewichten (*Bild 79*).

Identifikation und Gewichtung geeigneter Reinraumtauglichkeitskriterien								
Kriterium	1	2	3	4	5	6	7	G
1 Anzahl an Funktionen		0	1	0	1	1	1	4
2 Anteil an Handhabungsfunktionen	2		2	0	2	2	1	9
3 Anteil an Puffer-/Lagerfunktionen	1	0		0	0	2	0	3
4 Wiederholungsgrad von Funktionen	2	2	2		2	2	1	11
5 Direkte Folge von Handhabungsfunktionen	1	0	2	0		1	1	5

Ermittlung einzelner RWs für die FSs sowie Summation der gewichteten RWs						
Kriterium	FS1		FS2		FS3	
	E	ExG	E	ExG	E	ExG
1 Anzahl der Funktionen	1	4,0	1	4,0	1	4,0
2 Anteil an Handhabungsfunktionen	$\frac{2}{3}$	6,0	$\frac{2}{3}$	6,0	$\frac{2}{3}$	6,0
3 Anteil an Puffer-/Lagerfunktionen	$\frac{1}{5}$	0,6	$\frac{1}{5}$	0,6	$\frac{1}{5}$	0,6
4 Wiederholungsgrad von Funktionen	$\frac{1}{2}$	5,5	$\frac{3}{4}$	8,25	0	0
5 Direkte Folge von Handhabungsfunktionen	$\frac{1}{3}$	2,5	$\frac{1}{3}$	2,5	$\frac{1}{2}$	2,5
RW		25,9		28,7		23,1
Rang		2		3		1

G... Gewichtungsfaktor (ermittelt durch paarweisen Vergleich) FS... Funktionssequenz

E... ungewichteter Einzelwert des Kriteriums RW... Reinraumtauglichkeitswert

Bild 79:　*Beurteilung der Reinraumtauglichkeit der Funktionssequenzen*

Aus der Beurteilung der Reinraumtauglichkeit geht hervor, wie stark sich die alternativen Funktionssequenzen voneinander unterscheiden. Die Reinraumtauglichkeit der Funktionssequenz 2 ist beispielsweise um ca. 25 % schlechter als die der Funktionssequenz 3. Da Funktionssequenz 3 kein Verbesserungspotential aufweist, kann die Ausführung des Schrittes *Optimierung der Funktionen/Funktionssequenzen* entfallen.

Für die übrigen normierten Basisfunktionen "puffern (4)", "transportieren (5)" und "lagern (6)" sowie "transportieren (7)" erfolgt die Durchführung der Phase 3 der funktionellen Analyse analog zur Analyse der Basisfunktion "handhaben (kommissionieren) (3)".

Eine weitere Fortführung der funktionellen Analyse ist anschließend nicht mehr erforderlich, da der Detaillierungsgrad einerseits ausreicht, um mit der konzeptionellen Gestaltung zu beginnen und andererseits die dort mögliche Lösungsvielfalt noch nicht durch zu große Hardware-Nähe unzulässig eingeschränkt ist.

7.3 Durchführung der konzeptionellen Gestaltung

Phase 1 der **konzeptionellen Grobgestaltung** beginnt mit der *Grobdefinition der Fertigungszelle/-anlagen*. Da es keine Anbindung an andere Fertigungszellen gibt, Funktionen zu anderen Fertigungszellen weder redundant sind noch anderen Fertigungszellen zugeordnet werden können, stellt der ermittelte Funktionsumfang exakt die Grundlage für die konzeptionelle Gestaltung dar.

Die funktionelle Analyse ergab bereits auf der Ebene der Basisfunktionen, daß sich diese in ihrer Funktionsart und ihrem Ort, d. h. in ihrem Gesamtcharakter, stark voneinander unterscheiden. Die Anwendung der Leitlinie 1 (Kap. 6.3.2) zeigt, daß es sinnvoll ist, die aus funktioneller Sicht vorhandene Trennung der normierten Basisfunktionen auch anlagentechnisch entsprechend zu realisieren. Zur Reduzierung der durch Handhabungsvorgänge verursachten Partikelkontaminationsgefahr empfiehlt es sich, den Puffer unabhängig von der Waferhandhabung (Kommissionieren) und vom Oberflächenscanner auszuführen. Für diese Anlagendefinition sprechen auch die hierdurch erzielte geringere technische Komplexität bzw. erhöhte Gesamtzuverlässigkeit bei einfacherer Instandhaltung. Da alle Anlagen im Reinraum die Ein-/Ausgabe von Carriern erfordern, ist zu überprüfen, ob die Anlagen hierfür über eigene Handhabungssysteme verfügen sollen, die auf ein zelleninternes Transportsystem zugreifen könnten. Die Berücksichtigung des Lastenheftes ("Zusatzaufgaben müssen möglich sein") sowie die Anwendung der Leitlinien 1 ("Materialflußfunktionen zusammenfassen") und 8 ("externe Materialflußautomatisierung") zeigen jedoch, daß es im vorliegenden Fall günstiger ist, ein flexibles Handhabungs-/Transportsystem zu verwenden. Dieses führt sämtliche Transportaufgaben zwischen den später im Reinraum vorhandenen Anlagen der Zelle sowie alle Handhabungsaufgaben z. B. zum Be-/Entladen der Anlagen aus.

Gemäß Leitlinie 1 ist als weitere Anlage eine Schleuse erforderlich. Diese läßt sich nicht direkt aus der Funktionsstruktur sondern nur aus den unterschiedlichen Partikelkonzentrationen in Reinraum und Grauraum ableiten.

Bild 80 gibt einen Überblick über die Grobdefinition der Anlagen der Fertigungszelle. Da das Grauraum-Lager und -Transportsystem keinen Reinraumanforderungen genügen müssen, wird auf beide Systeme im folgenden nicht mehr weiter eingegangen. Ebenso wird die Schleuse nicht weiter betrachtet, da sie im Grauraum installierbar ist. Zusätzlich kann mit einem geeigneten Anlagenlayout und der Verwendung von SMIF-Boxen eine partikuläre Kontamination der Wafer praktisch ausgeschlossen werden.

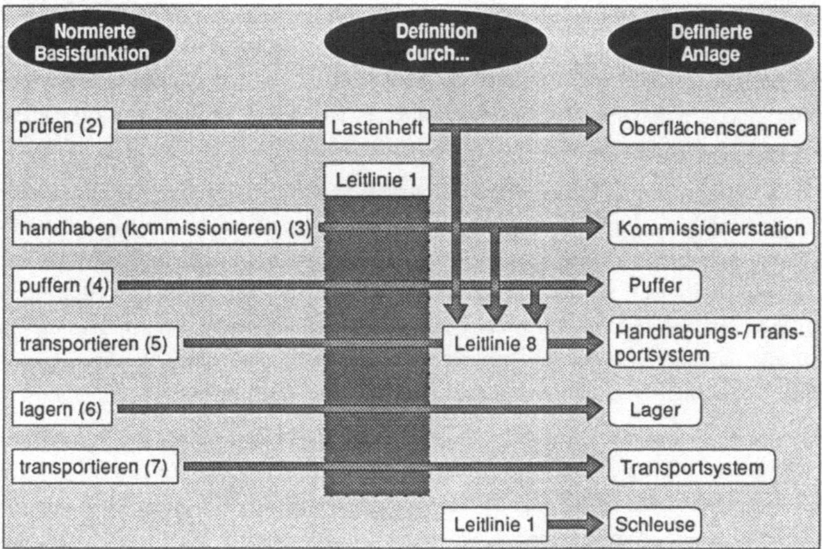

Bild 80: Grobdefinition der Anlagen

Die *Abschätzung der Abmessungen* der ortsfesten Anlagen ergibt sich wie folgt. Berücksichtigt man ergonomische Greifhöhen (für den manuellen Not-Betrieb), den Arbeitsraum typischer als Handhabungs-/Transportsysteme geeigneter Roboter, die Maße der Carrier, die Zahl der jeder Anlage zugeordneten Carrier sowie den Platzbedarf typischer Module (Antriebe, Steuerungstechnik usw.) so lassen sich folgende ungefähre Maße ableiten (b * t * h; in mm):

❏ Oberflächenscanner (750 * 830 * 1650; vorhandene Anlage),

❏ Kommissionierstation (900 * 1000 * 1000),

❏ Puffer (2100 * 900 * 2000) und

❏ Schleuse (500 * 500 * 1000).

Über Durchsatzmengen und Durchlaufzeiten liegen keine Informationen vor, um eine *Grobkalkulation des Materialflusses* vornehmen zu können. Laut Lastenheft gibt es keine kurzzyklische Aufgabenausführung und damit nur einen relativ geringen Durchsatz an Wafern.

Einen hohen Stellenwert nimmt dagegen die *Erarbeitung alternativer reinraumtauglicher Layouts* ein. Gemäß Lastenheft ist der Platz innerhalb des Reinraums für die Fertigungszelle vorgegeben und relativ gering. Da die Schleuse im Grauraum installiert werden kann, sind bei der Erarbeitung von Layouts als ortsfeste Anlagen nur noch der Oberflächenscanner, der Puffer und die Kommissionierstation zu berücksichtigen. Nach Leitlinie 5 ("Raumausnutzung") kommen als Layoutformen nur die Reihenanordnung (einzeilig oder zweizeilig) oder die L- oder U-Anordnung in Frage. Kreisförmige Layouts scheiden wegen ihres schlechten Gesamt-/Nutzflächenverhältnisses und der eingeschränkten Zugänglichkeit zum Innenbereich aus.

Eine Bewertung von sechs erarbeiteten Grundlayouts auf der Grundlage des Lastenheftes und der Leitlinie 5 ergibt ein L-förmiges Layout als beste Lösung. Nur hier stehen die Anlagen mit ihren Rückseiten zu den Reinrauminnenwänden und sind gegenüber der Schleuse angeordnet, so daß die Forderungen nach einfacher Integration zusätzlicher Anlagen, guter Raumausnutzung und Zugänglichkeit erfüllt werden können. Aus diesem Grundlayout sind mit Hilfe der Leitlinie 5 ("Komplexe Input-/Output-Handhabungsvorgänge", "Zugänglichkeit") vier mögliche Layoutvarianten ableitbar (*Bild 81*).

Besonders aus dem Blickwinkel der Gestaltung der Ein-/Ausgabeschnittstellen sowie der Zugänglichkeit läßt sich die beste der vier Varianten ermitteln. Da aus Zugänglichkeitsgründen eine Anlagenposition an der Stirnseite eher ungünstig ist, sofern keine sehr gut zugänglichen Ein-/Ausgabeschnittstellen vorhanden sind (dies ist nur beim Oberflächenscanner sicher der Fall), kommen nur die ersten beiden Layoutvarianten in Frage. Sollte die Kommissionierstation keine parallelen Ein-/Ausgabeschnittstellen erhalten, ergibt sich bei Variante 1 möglicherweise eine eingeschränkte Zugänglichkeit (Leitlinie 5: "Komplexe Input-/Output-Handhabungsvorgänge"). Deshalb wird für die weitere konzeptionelle Gestaltung der Fertigungszelle Variante 2 ausgewählt.

Unter Berücksichtigung der Abmessungen der Fertigungszelle, der Grauraum-seitigen Anordnung der Schleuse sowie der Anordnung, Maße und Abstände der Anlagen ergibt die *Grobdefinition des reinraumtauglichen Arbeits-/Bewegungsraums* für das übergeordnete Handhabungs-/Transportsystem einen Arbeitsraum von ca. 7000 mm * 2000 mm Grundfläche und ca. 2000 mm Höhe (über der Mitte der Arbeitsraumgrundfläche). Aus der Analyse der für den Transport und die Handhabung der Carrier notwendigen Freiheitsgrade leitet sich bei der *Erarbeitung alternativer Kinematiken* (gemäß Leitlinien 8 und 10) als beste Lösung eine 6-achsige Knickarm-Kinematik in Verbindung mit einer translatorischen Achse zur Vergrößerung des Arbeitsraums ab. Die *Abschätzung der Abmessungen* des Handhabungs-/Transportsystems kann entfallen, da die Maße für die Grobkonzeption der statischen Anlagen nicht erforderlich sind. Zusätzlich ist davon auszugehen, daß das Handhabungs-/Transportsystem nicht weiter zu konzipieren ist, da geeignete Systeme kommerziell verfügbar sind.

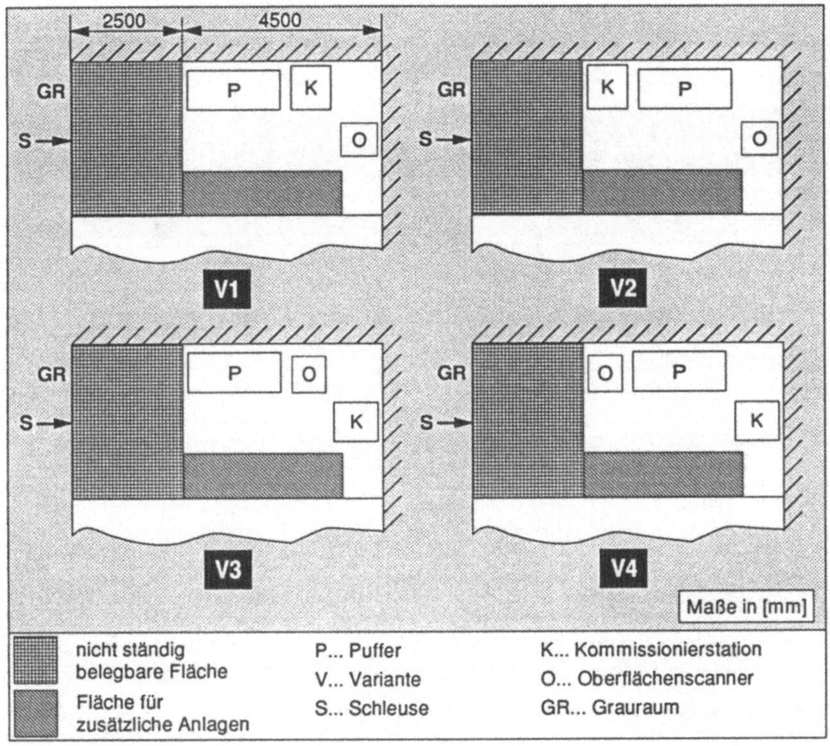

Bild 81:   *Abgeleitete Layoutvarianten des besten Grundlayouts*

Ab **Phase 2** sind die einzelnen Anlagen zu gestalten. Das Vorgehen wird am Beispiel der Kommissionierstation gezeigt. Aus dem Lastenheft, der in der funktionellen Analyse ermittelten Funktionssequenz 3 und unter Anwendung der Leitlinien 1 und 7 ergibt die *Grobdefinition der Hauptmodule* folgende Einteilung:

☐   3 Puffer-Hauptmodule,

☐   1 Identifikations-Hauptmodul und

☐   1 Handhabungs-Hauptmodul.

Zusätzlich ist noch ein Hauptmodul zur Steuerung der Kommissionierstation zu berücksichtigen.

Als Voraussetzung zur Erarbeitung alternativer reinraumtauglicher Anlagenlayouts sowie zur Arbeits-/Bewegungsraumabschätzung für das Handhabungs-Hauptmodul ist für jedes der genannten statischen Hauptmodule eine *Abschätzung der Abmessungen* und eine *Grobgestaltung der Schnittstellen* erforderlich (*Bild 82*). Eine *Grobkalkulation des Mate-*

rialflusses wird wegen fehlender Daten und der Tatsache, daß die Fertigungszelle von ihrem Charakter her nur auf geringe Durchsatzmengen ausgerichtet ist, nicht vorgenommen.

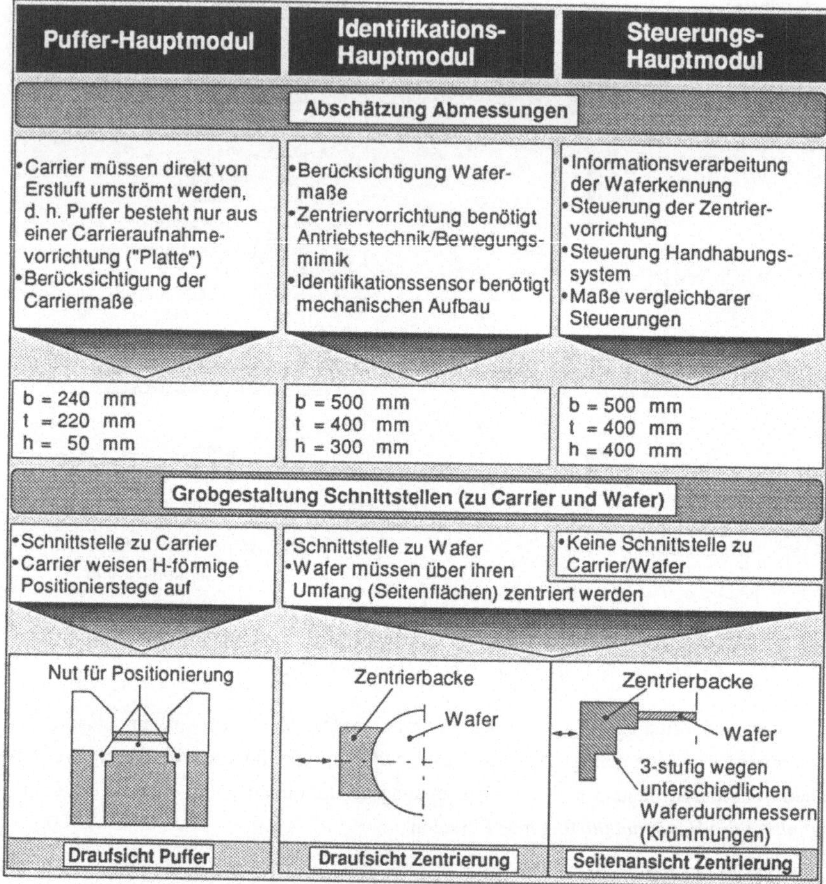

Bild 82:   *Abmessungen und Schnittstellengestaltung der statischen Hauptmodule*

Die *Erarbeitung alternativer reinraumtauglicher Hauptmodul-Layouts* zeigt, daß zahlreiche Varianten für die Kommissionierstation möglich sind. Eine Bewertung und Auswahl der Layouts kann mit Hilfe der Leitlinien 5 ("Symmetrische Modulanordnung") und 6 ("Modulanordnung bzgl. lokaler Strömung") vorgenommen werden. Es zeigt sich, daß Puffer- bzw. Identifikations-Hauptmodule nur in einer Ebene angeordnet sein dürfen und eine punktsymmetrische Modulanordnung (Kreis) eine Voraussetzung für die effiziente Anwendung von Handhabungssystemen mit rotatorischen Achsen ist. Aus Zugänglichkeitsgründen müssen die Puffer-Hauptmodule im Frontbereich der Kommissionierstation angeordnet sein.

Zur Grobgestaltung des Handhabungs-Hauptmoduls sind weitere Schritte erforderlich (*Bild 83*).

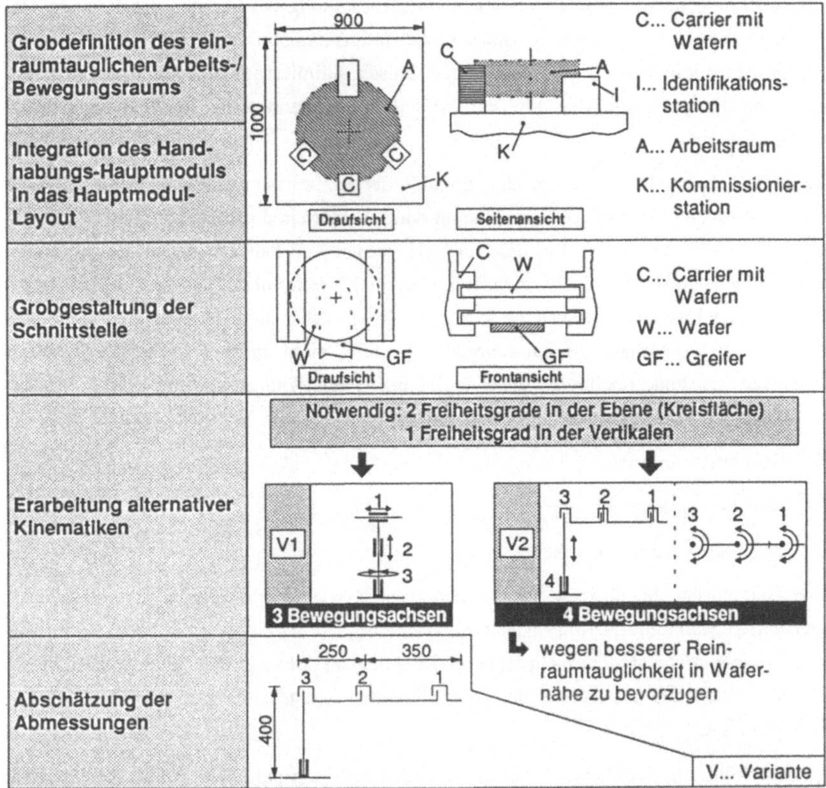

Bild 83: *Ergebnisse der konzeptionellen Grobgestaltung des Handhabungs-Haupt-moduls*

Die *Grobdefinition des reinraumtauglichen Arbeits-/Bewegungsraums* ergibt für das Handhabungs-Hauptmodul einen zylindrischen Arbeitsraum, da die drei Puffer-Hauptmodule und das Identifikations-Hauptmodul kreisförmig angeordnet sind und die Wafer in den Carriern übereinander liegen. Bei der *Grobgestaltung der Schnittstelle* zum Wafer erweist sich als einzige sinnvolle Variante ein löffelförmiger Greifer mit Vakuumansaugung zum Greifen der Wafer-Rückseite. Die *Erarbeitung alternativer Kinematiken* führt zu zwei möglichen Konfigurationen. Obwohl die 2. Variante über eine Bewegungsachse mehr als die 1. Variante verfügt, ist sie zu bevorzugen, da sie in Produktnähe ausschließlich mit rotatorischen Achsen auskommt. Für diese Kinematikart sind Handhabungssysteme der Reinraumklasse 1, speziell für die Waferhandhabung, kommerziell verfügbar. Die Auswahl erfolgt u. a. anhand der Maße, die durch die *Abschätzung der Abmessungen* ermittelt werden. Die weitere konzeptionelle Gestaltung des Handhabungs-Hauptmoduls kann sich daher auf die Ermittlung genauer Maße und die Gestaltung des Greifers beschränken. Bei der *Integration des Handhabungs-Hauptmoduls in das Hauptmodul-Layout* ist zu überprüfen, ob dieses kinematisch und steuerungstechnisch optimiert ist, d. h. ob alle vier zu bedienenden Hauptmodule den gleichen Mittelpunktsabstand vom Handhabungs-Hauptmodul aufweisen.

Die weitere Untergliederung der Hauptmodule der Kommissionierstation in der **Phase 3** betrifft nur noch das Identifikations-Hauptmodul, da hier ein ausreichender Detaillierungsgrad noch nicht erreicht ist. Bei den Puffer-Hauptmodulen handelt es sich um mit Nuten versehene plattenförmige Carrieraufnahmen, die nicht weiter untergliedert werden können. Da geeignete Handhabungssysteme kommerziell verfügbar sind, ist eine detaillierte Betrachtung des Handhabungs-Hauptmoduls ebenfalls nicht mehr erforderlich. Auf der Grundlage der funktionellen Analyse ergibt die *Grobdefinition der Submodule* für das Identifikations-Hauptmodul die drei Submodule

☐ Waferpositionierung,

☐ Code-Lesestation und

☐ Steuerungs-/Auswerteeinheit.

Eine Ausführung der übrigen Schritte der Phase 3 wie *Erarbeitung reinraumtauglicher alternativer Submodul-Layouts* oder *Grobgestaltung der äußeren Struktur des Identifikations-Hauptmoduls* ist nicht mehr sinnvoll. Dies liegt an der zu großen Abhängigkeit dieser Schritte von konkreten, erst bei der konzeptionellen Feingestaltung zu erarbeitenden Lösungsprinzipien.

Die Durchführung der **Phase 4** ist ausschließlich für die Submodule Waferpositionierung und Code-Lesestation erforderlich, da die Steuerungs-/Auswerteeinheit nicht Gegenstand der konzeptionellen Gestaltung ist. Sowohl für die Waferpositionierung als auch für die Code-Lesestation müssen als Voraussetzung für die konzeptionelle Feingestaltung mittels der *Grobdefinition der Submodule* weitere Submodule abgeleitet werden (*Bild 84*). Diese Module ergeben sich im wesentlichen aus der Tatsache, daß drei Waferdurchmesser zu berücksichtigen sind, also automatische Verstellbewegungen ausgeführt werden müssen. Des weiteren kann der Lesevorgang des Barcodes nur durch eine Relativbewegung zwischen Sensor und Wafer realisiert werden.

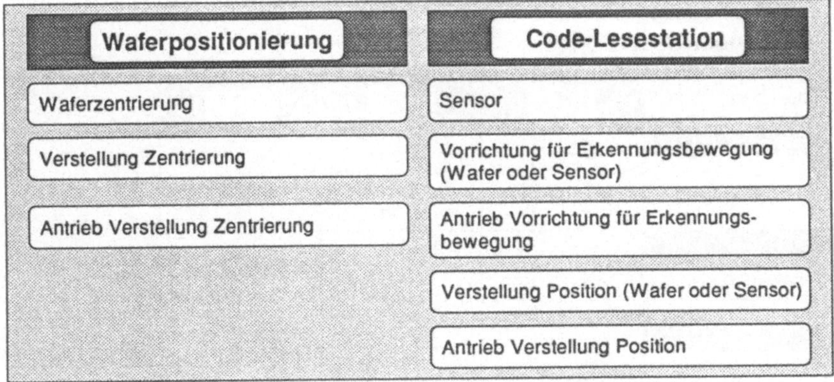

Bild 84:   *Submodule der Waferpositionierung und Code-Lesestation*

Weitere Schritte zur konzeptionellen Grobgestaltung (innerhalb Phase 4 oder in detaillierteren Phasen) sind aufgrund deren Abhängigkeit von Lösungsprinzipien nicht mehr sinnvoll. Deshalb muß an dieser Stelle mit der konzeptionellen Feingestaltung der Kommissionierstation begonnen werden.

Die **Phase 1** der **konzeptionellen Feingestaltung** beginnt mit den Submodulen der detailliertesten Gliederungsebene. Für das Beispiel der Kommissionierstation sind dies die Submodule der Submodule "Waferpositionierung" und "Code-Lesestation". Den ersten Schritt stellt die *Ermittlung der reinraumtauglichen Lösungsprinzipien* der einzelnen Submodule dar (*Bild 85*).

Die Auswahl des jeweils besten Lösungsprinzips macht für sich allein, d. h. ohne Berücksichtigung der Lösungsprinzipien der anderen Submodule, nur wenig Sinn. Vor allem deshalb, weil viele Reinraumtauglichkeitseigenschaften (z. B. Strömungsführung oder Zugänglichkeit) erst bei einer Kombination von Lösungsprinzipien zu Gesamtlösungsvarianten bewertet werden können. Deshalb besteht die *Erarbeitung alternativer reinraumtauglicher Submodul-Layouts* in der Kombination von Lösungsprinzipien zu Gesamtlösungsvarianten. Für jede der erarbeiteten Gesamtlösungsvarianten ist eine *Bewertung der Reinraumtauglichkeit* vorzunehmen. Grundlage hierfür ist zum einen die Ermittlung und Gewichtung geeigneter Reinraumtauglichkeitskriterien (für Module und Modulgruppen) sowie die Bewertung aller Lösungsprinzipien für die einzelnen Submodule.

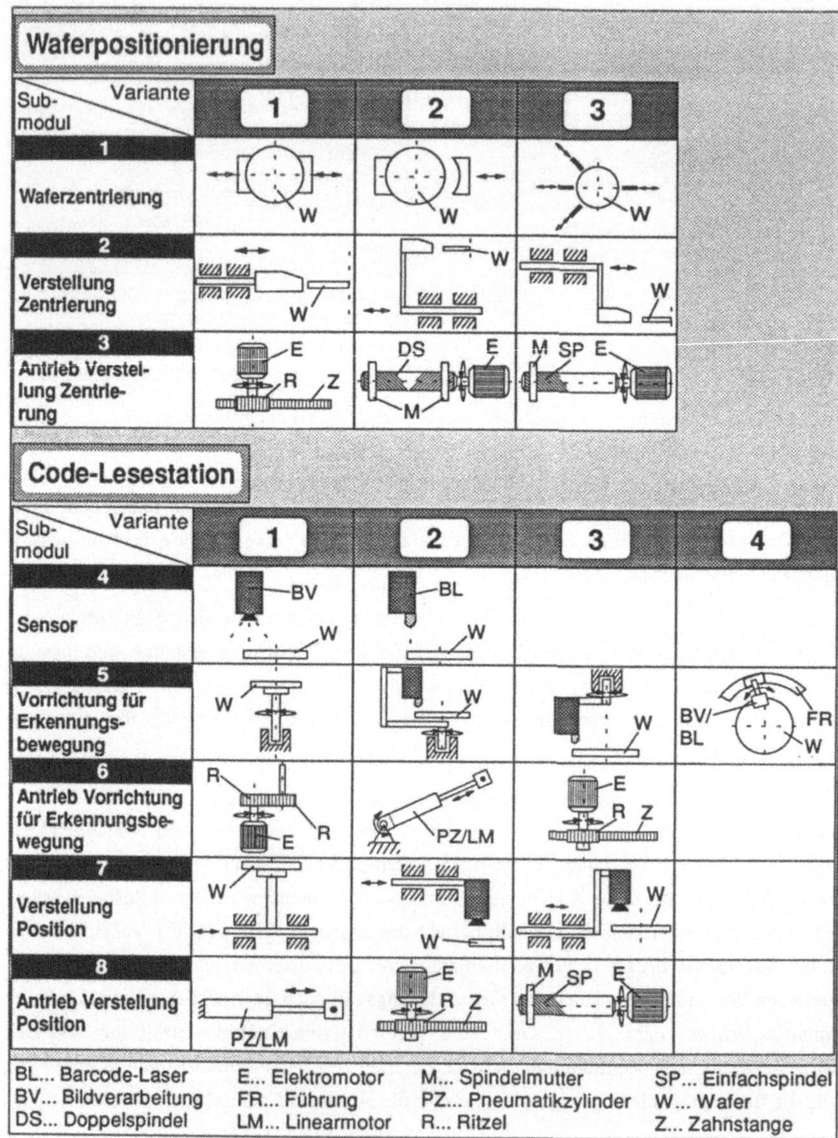

Bild 85: *Lösungsprinzipien für die Submodule der "Waferpositionierung" und der "Code-Lesestation" (repräsentative Auswahl)*

Bild 86 gibt einen Überblick über die Ergebnisse der Bewertung der Reinraumtauglichkeit der Lösungsprinzipien sowie der Gesamtlösungsvarianten.

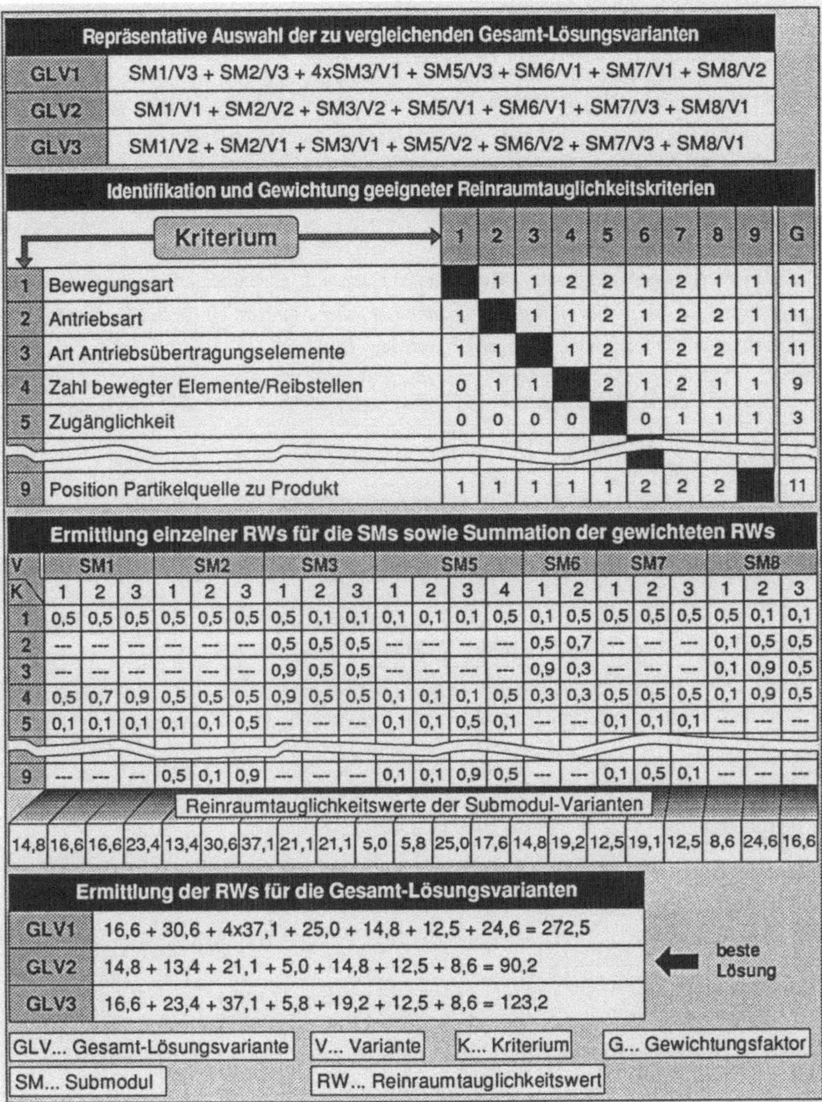

Repräsentative Auswahl der zu vergleichenden Gesamt-Lösungsvarianten

GLV1	SM1/V3 + SM2/V3 + 4xSM3/V1 + SM5/V3 + SM6/V1 + SM7/V1 + SM8/V2
GLV2	SM1/V1 + SM2/V2 + SM3/V2 + SM5/V1 + SM6/V1 + SM7/V3 + SM8/V1
GLV3	SM1/V2 + SM2/V1 + SM3/V1 + SM5/V2 + SM6/V2 + SM7/V3 + SM8/V1

Identifikation und Gewichtung geeigneter Reinraumtauglichkeitskriterien

Kriterium	1	2	3	4	5	6	7	8	9	G
1 Bewegungsart		1	1	2	2	1	2	1	1	11
2 Antriebsart	1		1	1	2	1	2	2	1	11
3 Art Antriebsübertragungselemente	1	1		1	2	1	2	2	1	11
4 Zahl bewegter Elemente/Reibstellen	0	1	1		2	1	2	1	1	9
5 Zugänglichkeit	0	0	0	0		0	1	1	1	3
9 Position Partikelquelle zu Produkt	1	1	1	1	1	2	2	2		11

Ermittlung einzelner RWs für die SMs sowie Summation der gewichteten RWs

V	SM1			SM2			SM3			SM5				SM6		SM7			SM8		
K	1	2	3	1	2	3	1	2	3	1	2	3	4	1	2	1	2	3	1	2	3
1	0,5	0,5	0,5	0,5	0,5	0,5	0,5	0,1	0,1	0,1	0,1	0,1	0,5	0,1	0,5	0,5	0,5	0,5	0,5	0,1	0,1
2	---	---	---	---	---	---	0,5	0,5	0,5	---	---	---	---	0,5	0,7	---	---	---	0,1	0,5	0,5
3	---	---	---	---	---	---	0,9	0,5	0,5	---	---	---	---	0,9	0,3	---	---	---	0,1	0,9	0,5
4	0,5	0,7	0,9	0,5	0,5	0,5	0,9	0,5	0,5	0,1	0,1	0,1	0,5	0,3	0,3	0,5	0,5	0,5	0,1	0,9	0,5
5	0,1	0,1	0,1	0,1	0,1	0,5	---	---	---	0,1	0,1	0,5	0,1	---	---	0,1	0,1	0,1	---	---	---
9	---	---	---	0,5	0,1	0,9	---	---	---	0,1	0,1	0,9	0,5	---	---	0,1	0,5	0,1	---	---	---

Reinraumtauglichkeitswerte der Submodul-Varianten

14,8	16,6	16,6	23,4	13,4	30,6	37,1	21,1	21,1	5,0	5,8	25,0	17,6	14,8	19,2	12,5	19,1	12,5	8,6	24,6	16,6

Ermittlung der RWs für die Gesamt-Lösungsvarianten

GLV1	16,6 + 30,6 + 4x37,1 + 25,0 + 14,8 + 12,5 + 24,6 = 272,5
GLV2	14,8 + 13,4 + 21,1 + 5,0 + 14,8 + 12,5 + 8,6 = 90,2 ← beste Lösung
GLV3	16,6 + 23,4 + 37,1 + 5,8 + 19,2 + 12,5 + 8,6 = 123,2

GLV... Gesamt-Lösungsvariante   V... Variante   K... Kriterium   G... Gewichtungsfaktor

SM... Submodul   RW... Reinraumtauglichkeitswert

Bild 86: Bewertung und Auswahl der Gesamtlösungsvarianten nach Reinraumtauglichkeitskriterien

Es kommt die in Kap. 6.4.1 erarbeitete Vorgehensweise zur Ermittlung der Reinraumtauglichkeitswerte zur Anwendung. Da der Einfluß des Sensors auf die resultierende Reinraumtauglichkeit der Gesamtlösungsvarianten äußerst gering ist (minimale Strömungsbeeinflussung) und sich die Sensoren zu diesem Zeitpunkt nicht gegeneinander differenzieren lassen, wird Submodul 4 hier nicht weiter berücksichtigt.

Aus der Bewertung gehen die großen Unterschiede (bis ca. 200 %, bezogen auf den besten Wert) in der Reinraumtauglichkeit zwischen den einzelnen Gesamtlösungsvarianten klar hervor. Die Variante GLV2 erweist sich eindeutig als am besten geeignet für die weitere konzeptionelle Feingestaltung, die schließlich zum vollständigen Konzept der flexiblen Fertigungszelle führt.

Von den hierfür anzuwendenden Methodenschritten soll abschließend wegen der großen Bedeutung noch auf die *Ermittlung reinraumtauglicher Materialien* für die kritischen reibbeanspruchten Module näher eingegangen werden (*Bild 87*).

	Anlage...Submodul	Reibstelle	Kontaminationsgefahr
1	Handhabungs-/Transportsystem... Greiferfinger	Carrier/Greiferfinger	mittel
2	Puffer...Carrier-Positionierung	Carrier/Positionierung (Positionierschiene)	mittel - niedrig
3	Kommissionierstation...HHS-Greifer	Wafer/Greifer	mittel
4	Kommissionierstation... Wafer-Zentrierung	Wafer/Zentrierung (Zentrierbacke)	hoch

	gewähltes Material	Begründung
1	POM	auch bei Kunststoff-Reibpartnern sehr verschleißfest, gewisse Nachgiebigkeit beim Greifen erwünscht
2	X90CrMoV18, gehärtet	geringe Reibbeanspruchung, gute Verschleißfestigkeit bei guter mechanischer Stabilität
3	X90CrMoV18, gehärtet	geringe Reibbeanspruchung, gute Verschleißfestigkeit, sehr geringe Bauhöhe bei guter mechanischer Stabilität
4	POM	sehr verschleißfest bei guten Gleiteigenschaften

Material der Carrier: PP oder PFA   HHS... Handhabungssystem

Bild 87:   Auswahl reinraumtauglicher Materialien für kritische gleitreibungsbeanspruchte Module der Fertigungszelle

Module mit Wälz- oder Rollreibung (Kugellager, Rollenführungen usw.) sind in der Regel als Spezialausführungen aus korrosionsfesten verschleißbeständigen Materialien erhältlich oder sie werden während der konzeptionellen Feingestaltung z. B. gekapselt (Schritt *Überprüfung Bedarf zusätzlichen Kontaminationsschutzes*).

Dagegen sind viele Module mit Gleitreibung aufgrund ihres häufigen Vorkommens und ihrer konstruktiven Vielfalt meist individuell zu gestalten, da sie nur sehr eingeschränkt in geeigneten Spezifikationen kommerziell verfügbar sind. Die Auswahl der jeweils optimalen Materialien bzw. Materialpaarungen richtet sich in erster Linie nach der Intensität der Beanspruchungen (Reibkräfte, -geschwindigkeit) sowie der Zeitdauer und Häufigkeit der Beanspruchung. Sofern einer der Reibpartner bereits vorbestimmt ist, muß sich die Wahl des anderen Reibpartners selbstverständlich an dessen Eigenschaften orientieren, was nicht immer zu optimalen Lösungen führen kann.

Die Identifikation geeigneter reinraumtauglicher Materialien für die Fertigungszelle wird dadurch erleichtert, daß nur zwei Arten von Handhabungsobjekten (Carrier und Wafer) unterschiedlicher Materialien zu betrachten sind und kontaminationskritische Gleitreibungspaarungen ohne Beteiligung dieser Handhabungsobjekte kaum vorkommen sowie immer nur kurz beansprucht werden.

Die Auswahl der Materialien zeigt, daß bei den kritischen Modulen immer ein Reibpartner (Carrier oder Wafer) vorbestimmt ist und daher die Wahlmöglichkeiten des zweiten Reibpartners eingeschränkt sind. Trotzdem ist es möglich, die kritischen Module mit nur zwei verschiedenen Materialien (POM oder X90CrMoV18, gehärtet) zu optimieren. Wie Messungen an den realisierten Modulen zeigen, ist das Partikelemissionsniveau wesentlich geringer, als es der Federal Standard 209E für die Reinraumklasse 1 vorschreibt und übertrifft damit die entsprechende Anforderung des Lastenheftes bei weitem.

Einen Überblick über die realisierte Fertigungszelle gibt *Bild 88*. Es werden eine Vorderansicht der Kommissionierstation sowie ein Layout und eine Gesamtansicht des im Reinraum aufgebauten Teils der flexiblen Fertigungszelle wiedergegeben.

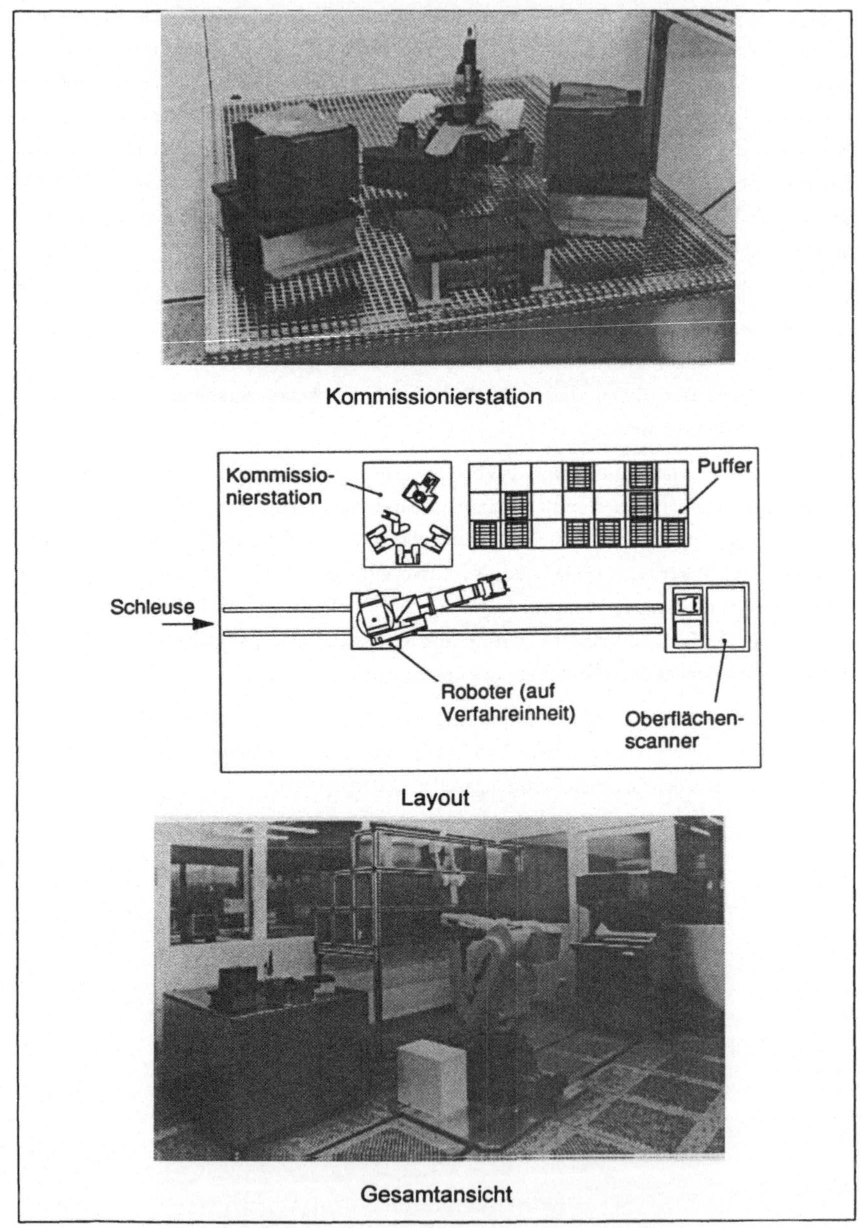

Bild 88:   *Flexible Fertigungszelle zur Waferkontaminationsmessung*

7.4   Diskussion der Anwendungsmöglichkeiten und Ergebnisse des entwickelten Verfahrens

Die Anwendung des entwickelten Verfahrens ermöglicht es, automatische reinraumtaugliche Fertigungszellen bzw. -anlagen systematisch und effizient zu konzipieren. Einer der Vorteile des Verfahrens besteht darin, daß es dem Anwender ermöglicht, bereits vor der eigentlichen Gestaltung einer Anlage Abläufe, Automatisierbarkeit und Reinraumtauglichkeit, teilweise bis zu einem hohen Grad, zu optimieren, indem Funktionsstrukturen systematisch analysiert bzw. erstellt werden. Da diese Phase bisher von vielen Entwicklern nicht oder nur eingeschränkt durchlaufen wird, bringt die Anwendung des Verfahrens in diesem Fall natürlich einen zusätzlichen Zeitaufwand mit sich.

Bei der konzeptionellen Gestaltung liegen die Vorteile des Verfahrens vor allem darin, den reinraumspezifischen Gestaltungsprozeß auf konzeptioneller Ebene gesamtheitlich darzustellen und transparent, d. h. eindeutig und nachvollziehbar, zu machen. Die Optimierung der Materialflußtechnik, der Fertigungszellen-/-anlagenlayouts und der Reinraumtauglichkeit wird intensiv unterstützt.

Wie die Anwendung des Verfahrens weiter zeigt, wird die Inbetriebnahmephase einer Fertigungsanlage/-zelle wesentlich erleichtert bzw. verkürzt. Bei der entwickelten automatischen und flexiblen Fertigungszelle zur Waferkontaminationsmessung konnte die Inbetriebnahmephase mittels durchgängiger Anwendung des Verfahrens um ca. 30 % verkürzt werden. So hilft z. B. die frühzeitige Erstellung und Optimierung der Funktionsstruktur hinsichtlich Materialfluß und Reinraumtauglichkeit, Modifikationen an bereits aufgebauten Anlagen zu verhindern. Dies gilt beispielsweise auch für die frühzeitige Ermittlung bzw. Überprüfung von Arbeitsräumen dynamischer Module, wodurch "unliebsame Überraschungen" wie eingeschränkte Zugänglichkeiten oder unzureichende Kompatibilitäten von Modulen vermieden werden.

Als besonders hilfreich erweisen sich die als Teil des Verfahrens erarbeiteten Hilfsmittel, die in Verbindung mit den Methoden individuell und direkt anwendbar sind.

Aus Anwendersicht besonders wichtig ist auch die Formalstruktur des entwickelten Verfahrens. Sie zwingt den Anwender in keine fest vorgegebenen "algorithmischen" Abläufe, sondern ist nach dem Baukastenprinzip erstellt. Hierdurch wird es dem Anwender leicht möglich, in Abhängigkeit von der Komplexität des Problems sowie seines Vorwissens, nur diejenigen Elemente des Verfahrens anzuwenden, die ihm in der jeweiligen Situation nützlich erscheinen.

8 Zusammenfassung und Ausblick

Um die hohen, und teilweise immer noch weiter steigenden Anforderungen an die Reinheit der Fertigungsumgebung in Produktnähe erfüllen zu können, müssen Fertigungsanlagen für den Einsatz in Reinräumen speziell konzipiert sein. Immer kleiner und empfindlicher werdende Produkte, sich verkürzende Produktlebenszyklen sowie zahlreiche weitere, teilweise widersprüchliche Anforderungen und Randbedingungen aus verschiedenen Gebieten (Materialwissenschaften, Automatisierungstechnik, Strömungstechnik usw.) lassen die Entwicklung automatischer reinraumtauglicher Fertigungsanlagen und -zellen zu einer komplexen interdisziplinären Aufgabe werden. Hinzu kommt, daß die Inbetriebnahme neuer Anlagen oft wesentlich länger dauert als vorgesehen, da unerwartet Modifikationen durchzuführen sind. Häufig resultieren diese aus Versäumnissen während der Konzeptionsphase, wo z. B. eine kaum mehr überschaubare Zahl von Einflußfaktoren und Abhängigkeiten zu berücksichtigen ist.

In starkem Kontrast hierzu steht die Tatsache, daß über das für eine erfolgreiche Entwicklung notwendige Vorgehens- und Fachwissen nur in geringem Umfang grundlegende Arbeiten bekannt sind. Insbesondere gibt es bisher keine Ansätze, die Entwicklung automatischer reinraumtauglicher Fertigungsanlagen und -zellen auf eine methodische Grundlage zu stellen, um den Entwicklern eine ganzheitliche, praxisgerechte und individuell nutzbare Unterstützung an die Hand zu geben. Da besonders im Bereich der Automatisierungs- bzw. Materialflußtechnik sowie der Anwendung partikelemissionsarmer Materialien große Defizite bestehen und die stärkste Beeinflussung der Reinraumtauglichkeit in der sogenannten Konzeptionsphase möglich ist, ergibt sich ein erheblicher Bedarf an einem ganzheitlichen Verfahren zur Konzeption automatischer reinraumtauglicher Fertigungsanlagen und -zellen.

Es wird deshalb ein Verfahrenskonzept entwickelt, das aus zwei Methoden und vier zugeordneten Hilfsmitteln besteht. Die Methoden unterstützen das Vorgehen des Anwenders sowohl in der Phase der funktionellen Analyse als auch während der konzeptionellen Gestaltung der Fertigungsanlage oder -zelle. Die Vorgehensweisen der Methoden sind modular aufgebaut und dadurch anwenderfreundlich, weil flexibel nutzbar, gestaltet.

Die *Methode zur funktionellen Analyse* ermöglicht Entwicklern das Ableiten aller Anlagenfunktionen durch wiederholte hierarchische Dekomposition der Anlagengesamtfunktion in mehrere Teil- bzw. Elementarfunktionen. Sämtliche Anlagenfunktionen können auf verschiedenen Hierarchieebenen, unter besonderer Berücksichtigung des Materialflusses und der Reinraumtauglichkeit, zu einzelnen Funktionssequenzen und diese wiederum zu Funktionsnetzen kombiniert werden. Auf diese Weise kann die Anlage bereits anhand der resultierenden Funktionsstruktur - z. T. bis zu einem hohen Grad - optimiert werden.

Die *Methode zur konzeptionellen Anlagengestaltung* ermöglicht es, durch Angabe der wichtigsten Konzeptionsschritte, aus dem Blickwinkel der Materialflußtechnik und der Reinraumtauglichkeit systematisch das Anlagenkonzept zu erarbeiten. Grundlage hierfür stellt ein Ansatz dar, der die Anlage auf verschiedenen Hierarchieebenen vollständig in Module mit überwiegend statischem oder dynamischen (Materialfluß) Charakter untergliedert.

Die Hilfsmittel umfassen die wichtigsten der bisher in der Literatur noch nicht berücksichtigten Problembereiche der Konzeption. Für die Bildung und Optimierung von Funktionen, Funktionssequenzen und -netzen werden grundsätzliche Maßnahmen sowie praxisgerechte Leitlinien abgeleitet. Die aufgabenspezifische Auswahl reinraumtauglicher reibbeanspruchter Materialpaarungen wird, basierend auf umfangreichen experimentellen Untersuchungen, auf eine systematische Grundlage gestellt. Weiter werden Leitlinien entwickelt, welche die Automatisierung des Materialflusses sowie die Strukturierung und Integration von Fertigungsanlagen und -zellen unterstützen. Zur Bewertung der Reinraumtauglichkeit von Funktionsstrukturen und Anlagen/-modulen wird eine neuartige Bewertungssystematik erarbeitet, die auf quantifizierbaren, speziell hergeleiteten Reinraumtauglichkeitskriterien basiert. Erstmals wird so eine nicht-experimentelle Bewertung der Reinraumtauglichkeit von Anlagen/-modulen vor ihrer Herstellung ermöglicht.

Die universelle Anwendbarkeit der entwickelten Methoden und Hilfsmittel des Verfahrens zur Konzeption automatischer reinraumtauglicher Fertigungsanlagen und -zellen wird am Beispiel der Konzeption einer flexiblen automatischen Fertigungszelle zur Waferkontaminationsmessung demonstriert.

Der übergeordnete Vorteil des Verfahrens besteht darin, daß erstmals für die oft komplexe Konzeption automatischer reinraumtauglicher Fertigungsanlagen und -zellen ein geschlossener systematischer Ansatz zur Unterstützung der Entwickler erarbeitet wurde. Mit Hilfe der entwickelten Methoden sind die Entwickler nicht mehr nur auf ihr individuelles Wissen angewiesen, sondern sie werden in die Lage versetzt, in kurzer Zeit auch umfangreiche Entwicklungsarbeiten optimal zu lösen und schnell in die Praxis umzusetzen. Dies ist u. a. auch deshalb möglich, weil für die vier wichtigsten bisher nicht unterstützten Problemfelder bei der Konzeption erstmals Hilfsmittel entwickelt wurden. Diese enthalten das notwendige, speziell erarbeitete Fachwissen für den jeweiligen Problembereich.

Aufbauend auf dieser Arbeit sind zukünftig verschiedene weitere Aufgabengebiete zu bearbeiten. Es empfiehlt sich, das entwickelte Verfahren auf Anlagen mit prozeß- bzw. verfahrenstechnischem Schwerpunkt auszuweiten, um damit die Konzeption nahezu aller Anlagentypen zu unterstützen. Des weiteren kann das Verfahren so erweitert werden, daß es auch die Entwurfs-/Ausarbeitungsphase von Fertigungsanlagen und -zellen abdeckt und somit den gesamten Entwicklungsprozeß unterstützt.

9 Literaturverzeichnis

/1/ Tauscher, W.: Technologie der Reinen Räume.
Augsburg: Verlag für Chemische Industrie, 1982/83

/2/ Müller, B.: Saubermänner: Konzeption und Entwicklung von
hochautomatisierten Geräten für Reinraumfertigungen.
In: IPA - Trendsetter der Produktion: Richtungsweisende
Beispiele für wirtschaftliche Produktion und Automation.
mi-Sonderpublikation IPA Spezial 1993.
Landsberg/Lech: publikationsgesellschaft moderne industrie,
1993, S. 78-80

/3/ N. N.: Um dreißig Prozent.
In: Scope 36 (1996), Nr. 2, S. 65

/4/ Klumpp, B.: Durchgängiges Reinheitskonzept: Was es bei derTeile
reinigung unter Reinraumbedingungen zu beachten gilt.
In: Betriebstechnik (1992), Nr. 11, S. 55-64

/5/ Dorner, J.: Fertigung unter Reinraumbedingungen.
In: Fraunhofer-Institut für Produktionstechnik und
Automatisierung (IPA); Verein Deutscher Ingenieure;
Württembergischer Ingenieurverein: Fertigung und Montage
unter Reinraum-Bedingungen: Neue Tendenzen der
Reinraum-Technik, Personaleinsatz, Automatisierung,
Konstruktions-Richtlinien, Materialien, Reinigung, besondere
Anforderungen der Pharmazie, der Leiterplatten-Herstellung
und der Zuliefer-Industrie.
Stuttgart, 1992, S. 1-9

/6/ Klumpp, B.; Braucht die Mikrosystemtechnik die Reinraumtechnik?
Dorner, J.: In: F & M 102 (1994), Nr. 10, S. 494-496

/7/ Ehrler, P.; Textilien auf dem Weg vom Arbeitsanzug zur
Hottner, M.: Systemkomponente: Reinraumkleidung.
In: Reinraumtechnik 6 (1992), Nr. 1, S. 14-20

/8/ Müller, K. G.: 10. Internationales Reinraumsymposium: Weltweiter
Erfahrungsaustausch (Teil 1).
In: Reinraumtechnik 5 (1991), Nr. 1, S. 21-25

/9/ Fischbacher, J.: Planungsstrategien zur strömungstechnischen Optimierung
von Reinraum-Fertigungsgeräten.
Berlin u. a.: Springer, 1991
(iwb Forschungsberichte, Bd. 34)
Zugl. München, Univ., Diss., 1991

/10/ Zeiner, F.:   Modulare Reinraumtechnik in der Pharmaproduktion.
                   In: VDI-Berichte Nr. 1238: Reine Technologien: Aktuelle
                   Fragen der Reinraumtechnik; Stand der Technik;
                   Anwendungen; Technische Regeln. Düsseldorf: VDI, 1996,
                   S. 1-16

/11/ Sirch, E.:   Die überarbeitete Richtlinie VDI 2083 - ein Beitrag zum
                   Systemdenken in der Reinraumtechnik.
                   In: VDI-Berichte Nr. 1238: Reine Technologien: Aktuelle
                   Fragen der Reinraumtechnik; Stand der Technik,
                   Anwendungen, Technische Regeln. Düsseldorf: VDI, 1996,
                   S. 143-157

/12/ Blümke, H. W.:   Reine Luft als Grundlage für High-Technology.
                   In: Reinraumtechnik 1 (1987), Nr. 2, S. 34-36

/13/ Schumann, E.:   MEMS: An Emerging Market for SEMI Members.
                   In: Channel (1994), Nr. 7, S. 14-15

/14/ N. N.:   Cleanroom.
                   Firmenschrift der KOJAIR Reinraumtechnik GmbH,
                   Rielasingen-Worblingen, o. J.

/15/ N. N.:   Clean Room Technology.
                   Firmenschrift der Kessler + Luch Produkte GmbH,
                   Gießen, o. J.

/16/ N. N.:   Spritzgiessen im Mikroreinraum.
                   In: TR Transfer 87 (1995), Nr. 49, S. 29

/17/ Schäfer, W.;   Development Trends in the Industrial Production of
     Schünemann, M.;   Microsystems.
     Grimme, R.;   In: Proceedings of the ASME Dynamic Systems and Control
     u. a.:   Division (Vol. 2), 1995, S. 909-914

/18/ Weißsieker, H.:   Reinraumtechnik in der Kosmetik.
                   In: VDI-Berichte Nr. 1238: Reine Technologien: Aktuelle
                   Fragen der Reinraumtechnik; Stand der Technik;
                   Anwendungen; Technische Regeln. Düsseldorf: VDI, 1996,
                   S. 115-122

/19/ N. N.:   Reinraumtechnik auf der Productronica '91.
                   In: Reinraumtechnik 5 (1991), Nr. 6, S. 16-19

/20/ Ehle, J.:   Höchste Qualitätsansprüche an Glanz und Oberflächenglätte:
                   Reinraumkonzept für Lackieranlagen der
                   Automobilindustrie.
                   In: Reinraumtechnik 6 (1992), Nr. 2, S. 30-35

/21/ N. N.:   Kunststoffstoßfänger unter Reinraumbedingungen lackiert.
                            In: Reinraumtechnik 4 (1990), Nr. 3, S. 4

/22/ N. N.:   CRC Cleanroom Consulting GmbH: Auf reine Technologien
                            spezialisiert.
                            In: Reinraumtechnik 4 (1990), Nr. 6, S. 14-15

/23/ N. N.:   Jenoptik: Ganz rein! Reinraumgerechte Gestaltung des
                            Arbeitsprozesses - Bewertung und Beratung.
                            Firmenschrift der Jenoptik GmbH, Jena, 1992

/24/ Klumpp, B.:   Neues Prüfverfahren zur Untersuchung der Partikelreinheit
                            technischer Oberflächen.
                            In: VDI-Berichte Nr. 919: Reinraumtechnik: Ausgewählte
                            Lösungen und Anwendungen. Düsseldorf: VDI, 1991,
                            S. 195-207

/25/ Müller, K. G.:   Fachtagung der VDI-Gesellschaft Technische
                            Gebäudeausrüstung: "Entwicklungstrends in der
                            Reinraumtechnik".
                            In: Reinraumtechnik 4 (1990), Nr. 1, S. 53-56

/26/ Schneider, H.;   Baugruppen, Werkstoffe und Arbeitsvorgänge werden auf
      Ludwig, J.;   Reinraumtauglichkeit untersucht: Partikelmessungen als
      Martin, H.:   Unterstützung bei der Entwicklung von
                            Halbleiterfertigungsgeräten.
                            In: Reinraumtechnik 4 (1990), Nr. 4, S. 26-30

/27/ Degenhart, E.;   Reinraumtaugliche Fertigungseinrichtungen: Auslegung
      Warnecke, H.-J.:   unter strömungstechnischen Gesichtspunkten.
                            In: Reinraumtechnik 3 (1989), Nr. 3-4, S. 38-42

/28/ Geißinger, J.:   Grundlagen zur Entwicklung reinraumtauglicher
                            Handhabungssysteme.
                            Berlin u. a.: Springer, 1989
                            (IPA-IAO Forschung und Praxis, Bd. 141)
                            Zugl. Stuttgart, Univ., Diss., 1989

/29/ Geißinger, J.;   Industrieroboter im Reinraum.
      Kaun, R.:   In: Schraft, R. D.; Warnecke, H.-J.: Handbuch Hand-
                            habungs-, Montage- und Industrierobotertechnik - Band 2.
                            Loseblattsammlung
                            Landsberg/Lech: publikationsgesellschaft moderne industrie
                            (Handbuch Handhabungs-, Montage- und
                            Industrierobotertechnik 2) S. 17.5/1-17.5/20.
                            14. Nachlieferung 10/1990

/30/ Kärcher, R.:

Maßnahmen zur Qualitätssicherung - Kontaminationskontrolle in der Halbleiterfertigung.
In: Reinraumtechnik 2 (1988), Nr. 3-4, S. 36-41

/31/ Donovan, R. P.;
Locke, B. R.;
Ensor, D. S.:

Measuring Particle Emissions from Cleanroom Equipment.
In: Microcontamination 5 (1987), Nr. 10, S. 36-39, 60-63

/32/ Ertl, J.:

Die Halbleiter-Produktion auf dem Weg zum 64 Megabit-Chip.
In: Halbleiterfertigung - Neue Trends bei Produktionsstrukturen und Fertigungsgeräten.
Berlin, Offenbach: vde, 1989, S. 15-27

/33/ Schraft, R. D.;
Dorner, J.;
Müller, B.:

Sand im Getriebe?: Reduzierung von schmutzbedingter Nacharbeit und Feldausfällen durch systematische Fertigungsoptimierung (Teil 1).
In: Productronic 14 (1994), Nr. 3, S. 18-20

/34/ Müller, K. G.:

Fachtagung der VDI-Gesellschaft Technische Gebäudeausrüstung: Reinraumtechnik - Ausgewählte Lösungen und Anwendungen.
In: Reinraumtechnik 6 (1992), Nr. 3, S. 35-38

/35/ Suzuki, Y.;
Oikawa, S.;
Sekiguchi, T.:

Super Cleanroom Technology: A High-Tech Balancing Act.
In: Microcontamination 6 (1988), Nr. 9, S. 59-65

/36/ Müller, K. G.:

VDI-Richtlinienentwürfe 2083 fertiggestellt.
In: Reinraumtechnik 6 (1992), Nr. 6, S. 42-46

/37/ Freudenberger, B.:

Partikelkontrolle im Reinraum: Zentraler Partikelzähler wertet bis zu 24 Meßluftströme aus.
In: Reinraumtechnik 3 (1989), Nr. 6, S. 38-39

/38/ Schumacher, W. D.:

Schuhsohlen-Reinigungsgerät: Klebfolientechnik automatisiert.
In: Reinraumtechnik 5 (1991), Nr. 2, S. 36-40

/39/ Kaun, R.;
Magunna, J.:

Schmierfette in der Reinraumtechnik: Einfluß von Schmierfetten auf das Partikelemissionsverhalten von Anlagen - Teil 1: Grundlagen.
In: Reinraumtechnik 6 (1992), Nr. 2, S. 24-30

/40/ Ryssel, H.;
Pfitzner, L.:

Anforderungen an den Reinraum aus der Sicht der Halbleitertechnologie.
In: Fortschritte der Reinraumtechnik, 26.-27.11.85, Frankfurt/M. / CONCEPT, S. 42-46

/41/ Kroupa, R.: Hoher konstruktiver Aufwand: Membranventile für die
Reinstmedienversorgung.
In: Reinraumtechnik 5 (1991), Nr. 6, S. 14-16

/42/ Ryssel, A.: Im Mittelpunkt steht die Sicherheit - Halbleiterfertigung.
In: Reinraumreport (1992), Nr. 3, S. 4

/43/ Schmutz, W.: Der Schlüssel zur Zukunft - Automatisierte Fertigung (II).
In: Reinraumreport (1992), Nr. 2, S. 3

/44/ Seitzer, D.: ASIC für kleine und mittlere Unternehmen.
In: microelectronic 7 (1993), Nr.1, S. 2-4

/45/ Mönkemeyer, G.: Gedanken zu einer wirtschaftlichen VLSI-Fertigung.
In: Tagungsband "Halbleiterfertigung: Neue Trends bei
Produktionsstrukturen und Fertigungsgeräten".
Berlin, Offenbach: vde, 1989, S. 29-38

/46/ Herzog, O.: Alles im Reinen: Fertigungsoptimierung im Reinraum.
In: IPA - Trendsetter der Produktion: Richtungsweisende
Beispiele für wirtschaftliche Produktion und Automation.
mi-Sonderpublikation IPA Spezial 1993.
Landsberg/Lech: publikationsgesellschaft moderne industrie,
1993, S. 82-83

/47/ Bader, U.; Planning and Realization of a Highly Intelligent and Flexible
Schließer, J.; Transport System for the Material Distribution of
Hägele, K.-D.: Minienvironments.
In: Proceedings of the 42nd Annual Technical Meeting
(ATM) of the Institute of Environmental Sciences.
Orlando, 1996, S. 506-515

/48/ Rebstock, H.: Grußwort.
In: Tagungsband "Halbleiterfertigung: Neue Trends bei
Produktionsstrukturen und Fertigungsgeräten".
Berlin, Offenbach: vde, 1989, S. 5-6

/49/ Drew, M. A.; Flexible tool interfaces increase responsiveness of process
Hofmeister, Ch.: equipment suppliers.
In: Solid State Technology 39 (1996), Nr. 7, S. 217-228

/50/ Hess, J.: Decken- und Wandsysteme in der keimarmen Fertigung.
In: VDI-Berichte Nr. 1238: Reine Technologien: Aktuelle
Fragen der Reinraumtechnik; Stand der Technik,
Anwendungen, Technische Regeln. Düsseldorf: VDI, 1996,
S. 17-26

/51/ Grimme, R.:

Fertigungskonzepte für die industrielle Produktion von Mikrosystemen (µFAB).
In: VDI-Berichte Nr. 1238: Reine Technologien: Aktuelle Fragen der Reinraumtechnik; Stand der Technik; Anwendungen; Technische Regeln. Düsseldorf: VDI, 1996, S. 89-97

/52/ Ströhl, A.:

Der Verunreiniger sind viele - Reinraumtechnik: viele Kontaminationsfaktoren.
In: Elektronik Journal (1989), Nr. 1/2, S. 78-84

/53/ N. N.:

The European Semiconductor Renaissance.
In: Beilage der Semiconductor International (1996), Nr. 3

/54/ Trafas, B. M.;
Nikoonahad, M.;
Wells, K. B.;
u. a.:

Ausbaufähigkeit von Laser-Scanning-Geräten für die Wafer-Inspektion: Feinsten Struktur-Fehlern auf der Spur.
In: Productronic 16 (1996), Nr. 3, S. 18-21

/55/ Schäfer, W.:

Aufholbedarf beim Mittelstand: Produktionstechnik für Mikrosysteme.
In: TR Transfer 87 (1995), Nr. 34, S. 30-31

/56/ Schmutz, W.;
Schraft, R. D.:

Forschung und Entwicklung für die Halbleitergeräte Industrie: Teil 2: Fertigungstechnik im Reinraum.
In: Tagungsband "Halbleiterfertigung - Neue Trends bei Produktionsstrukturen und Fertigungsgeräten" Berlin, Offenbach: vde, 1989, S. 101-113

/57/ Mack, A.;
Sauter, K.-D.;
Wohnhas, S.:

Halbleiterfertigungstechnik (Teil 1): Vom Labor zur Fertigung.
In: Productronic 7 (1987), Nr. 12, S. 30-32

/58/ Weißsieker, H.:

Stand der Überarbeitung und Eingliederung in internationale Regelwerke: Die VDI-Richtlinie 2083.
In: Reinraumtechnik 5 (1991), Nr. 6, S. 20-23

/59/ Werther, J.;
Lietz, J.:

Maschinelles Handling - Reinraumtaugliche Roboter in der Halbleiterfertigung.
In: Reinraumtechnik 2 (1988), Nr. 3/4, S. 10-11

/60/ Laistner, O. W.:

Entwicklungstrends für hochreine Fertigungsanlagen am Beispiel von CVD- und Plasmaätzsystemen.
In: Tagungsband der GME-Diskussionsveranstaltung "Kontamination in der Halbleiterfertigung - Medien, Materialien, Geräte -". Erlangen, GME VDE/VDI-Gesellschaft Mikroelektronik, 1992, S. 176-217

/61/ Weiss, M.:   Semiconductor factory automation.
                          In: Solid State Technology 39 (1996), Nr. 1, S. 89-96

/62/ Myers, S. T.:   The Realities of Conversion to 300 mm Silicon Wafers.
                          In: Semiconductor International 19 (1996), Nr. 5, S. 83-88

/63/ N. N.:   Ceiling-Mounted Cleanroom Robot Frees Workspace for
                          Efficient Operation.
                          In: Microcontamination 12 (1994), Nr. 3, S. 56-58

/64/ Klaus, W.;   Weiterer Schritt zur vollautomatischen
     Schneider, B.:   Halbleitermaskenfertigung: Automatische Montage von
                          Pellicles.
                          In: Reinraumtechnik 7 (1993), Nr. 3, S. 12-14

/65/ Müller, K. G.:   10. Internationales Reinraumsymposium: Weltweiter
                          Erfahrungsaustausch (Teil 2).
                          In: Reinraumtechnik 5 (1991), Nr. 2, S. 36-40

/66/ Sauter, K.-D.:   Idecon - Verbindung von Material- und Informationsfluß in
                          flexiblen Systemen der Halbleiterfertigung.
                          In: Industrieanzeiger 112 (1990), Nr. 68, S. 40-41

/67/ Schmutz, W.:   Kontaminationsprobleme bei Automatisierungskomponenten
                          In: Tagungsband der GME-Diskussionsveranstaltung
                          "Kontamination in der Halbleiterfertigung - Medien,
                          Materialien, Geräte -". Erlangen, GME
                          VDE/VDI-Gesellschaft Mikroelektronik, 1992, S. 242-270

/68/ Ryssel, H.;   Meßtechnik und Analytik für Halbleiterfertigungsgeräte.
     Eichinger, P.;   In: Tagungsband "Halbleiterfertigung: Neue Trends bei
     Schneider, C;   Produktionsstrukturen und Fertigungsgeräten".
     u. a.:   Berlin, Offenbach: vde, 1989, S. 61-73

/69/ N. N.:   IWB entwickelt reinraumgerechte
                          Automatisierungskomponenten: Maschinenelemente -
                          Emissionsquelle und Falle für Partikeln.
                          In: Reinraumtechnik 6 (1992), Nr. 3, S. 14-15

/70/ Frühauf, W.:   Reinraumfertigung: Trennung von Mensch und Maschine.
                          In: Roboter 8 (1990), Nr. 1, S. 30-32

/71/ Meier, M.:   Automatisierung im Reinraum.
                          In: Technische Rundschau 80 (1988), Nr. 36, S. 52-53

/72/ van Otterloo, H.:   Experiences During the Start-Up of a Wafer Fabrication
                      Unit.
                      In: Tagungsband "Halbleiterfertigung: Neue Trends bei
                      Produktionsstrukturen und Fertigungsgeräten".
                      Berlin, Offenbach: vde, 1989, S. 9-14

/73/ Degenhart, E.:   Strömungstechnische Ausrichtung reinraumtauglicher
                      Fertigungseinrichtungen.
                      Berlin u. a.: Springer, 1992
                      (IPA-IAO Forschung und Praxis, Bd. 165)
                      Zugl. Stuttgart, Univ., Diss., 1992

/74/ N. N.:   Verbundprojekt Reinraumtauglichkeit von
                      Anlagenkomponenten.
                      BMFT Forschungsvorhaben NT 2744/4 des Fraunhofer-
                      Instituts IPA; Stuttgart, 1989

/75/ Detzer, R.:   Reine Räume mit turbulenter Luftversorgung.
                      Haus der Technik e. V. (Veranst.): Seminar
                      Reinraumtechnologie.
                      12.-13.10.87, Essen

/76/ Frey, G. (Hrsg.);   Basics of Cleanroom Design.
     Skinner, R. (Hrsg.): Scottsdale: Integrated Circuit Cooperation, 1988

/77/ Todt, W.:   Hochreine Luft minimiert die Ausschußrate:
                      Reinraumtechnik in der Weichkäseherstellung.
                      In: Reinraumtechnik 5 (1991), Nr. 2, S. 42-47

/78/ Zeiner, F.:   Moderne Reinraumsysteme: Grundlagen, Systemlösungen,
                      Ausführungsbeispiele, Untersuchungen.
                      Firmenschrift der Daldrop + Dr.-Ing. Huber GmbH + Co.,
                      Neckartailfingen, 1987

/79/ N. N.:   Federal Standard 209E - Airborne Particulate Cleanliness
                      Classes in Cleanrooms and Clean Zones.
                      Institute of Environmental Sciences, September 1992

/80/ N. N.:   VDI 2083: Reinraumtechnik.
                      Blatt 1: Grundlagen, Definitionen und Festlegung der
                      Reinheitsklassen (1976).
                      Blatt 2: Bau, Betrieb, Wartung (1977).
                      Berlin u. a.: Beuth

/81/ Schmutz, W.:   Anforderungen an die Reinraumtechnik.
                      VDI (Veranst.): Seminar Fertigung unter
                      Reinraumbedingungen.
                      11.-12.11.88, Stuttgart

/82/ Westermayr, J.:   Reine Räume mit turbulenzarmer Verdrängungsströmung.
                          Haus der Technik e. V. (Veranst.): Seminar
                          Reinraumtechnologie.
                          12.-13.10.87, Essen

/83/ Herz, R.:   Produzieren unter Reinraumbedingungen: Reinraumprojekte
                          sind fertigungsspezifisch auszulegen.
                          In: Reinraumtechnik 4 (1990), Nr. 2, S. 9-11

/84/ Milberg, J.;   Konstruktion von Fertigungsgeräten für den Reinraum:
     Fischbacher, J.:   Strömungssimulation als Planungswerkzeug.
                          In: Reinraumtechnik 3 (1989), Nr. 5, S. 9-15

/85/ N. N.:   Grundlagen für Reinräume: Rund um die Reinraumtechnik
                          nach VDI-Richtlinien.
                          In: Reinraumwelt 5 (1989), Nr. 4, S. 6-10

/86/ Neuber, A.:   In Zukunft unverzichtbare Ausrüstung: Ionisationssysteme
                          lösen elektrostatische Probleme im Reinraum.
                          In: Reinraumtechnik 6 (1992), Nr. 5, S. 26-31

/87/ Geißinger, J.;   Partikelquellen bei Fertigungsabläufen im Reinraum:
     von Kahlden, Th.;   Staubarm ist nicht rein.
     Klumpp, B.:   In: Reinraumwelt 4 (1988), Nr. 1, S. 54-58

/88/ Bartz, H.:   Partikelkontrolle in Gasen.
                          In: Reinraumtechnik 1 (1987), Nr. 5-6, S. 10-15

/89/ Herz, R.:   Partikelmessung nach Maß - Partikelmessung in Luft, Gasen,
                          Flüssigkeiten und auf Feststoffoberflächen.
                          In: Productronic 9 (1989), Nr. 9, S. 34-40

/90/ N. N.:   VDI 2083: Reinraumtechnik.
                          Blatt 8: Reinraumtauglichkeit von Anlagenkomponenten
                          (Entwurf). Berlin u. a.: Beuth, 1993

/91/ N. N.:   Schweißen unter reinen Bedingungen.
                          In: Reinraumtechnik 4 (1990), Nr. 3, S. 4

/92/ N. N.:   Abfüllung von Parfums in Reinräumen.
                          In: Technica 38 (1990), Nr. 21, S. 4

/93/ N. N.:   Kein Platz für verstaubte Technik - Die Fertigung von
                          Transportbehältern hat den gleichen Reinheitsgraden zu
                          entsprechen wie die des Transportmediums.
                          In: Reinraumwelt 5 (1989), Nr. 3, S. 7-9

/94/ N. N.:

Reines Pulver vermeidet Katastrophen: Die Herstellung und
Einkapselung feiner Metallpulver erfolgt unter
Reinraumbedingungen.
In: Reinraumwelt 5 (1989), Nr. 3, S. 3-4

/95/ Holländer, E.:

Mikrokontaminationskontrolle - Eine komplexe,
interdisziplinäre Technik zur Lösung der
Kontaminationsprobleme.
In: Swiss Contamination Control (1988), Nr. 2, S. 15-20

/96/ von Dungen, R.:

Automatisierung im Reinraum.
In: VDI-Berichte Nr. 693: Problemlösungen in der
Reinraumtechnik. Düsseldorf: VDI, 1988, S. 123-133

/97/ Harper, J.;
Bailey, L.:

Flexible Material Handling Automation in Wafer
Fabrication.
In: Solid State Technology 27 (1984), Nr. 7, S. 89-98

/98/ Warnecke, H.-J.;
Kaun, R.:

Messung der Partikelemission bei Reibbeanspruchung.
In: Reinraumtechnik 4 (1990), Nr. 1, S. 36-41

/99/ Bader, M.;
Strasser, G.:

Neue Anlagenkonzepte für die Metallisierung
höchstintegrierter Bauelemente.
In: Tagungsband "Halbleiterfertigung: Neue Trends bei
Produktionsstrukturen und Fertigungsgeräten".
Berlin, Offenbach: vde, 1989, S. 169-178

/100/ Kaun, R.:

Reibbeanspruchte Materialien für Reinraumanwendungen.
In: Württembergischer Ingenieurverein; Verein Deutscher
Ingenieure; Fraunhofer-Institut für Produktionstechnik und
Automatisierung (IPA): Fertigung und Montage unter
Reinraum-Bedingungen: Neue Tendenzen der Reinraum-
Technik, Personaleinsatz, Automatisierung, Konstruktions-
Richtlinien, Materialien, Reinigung, besondere
Anforderungen der Pharmazie, der Leiterplatten-Herstellung
und der Zuliefer-Industrie
Stuttgart: VDI-Haus, 1992

/101/ Kaun, R.;
Magunna, J.:

Schmierfette in der Reinraumtechnik: Einfluß von
Schmierfetten auf das Partikelemissionsverhalten von
Anlagen - Teil 2: Untersuchungsergebnisse.
In: Reinraumtechnik 6 (1992), Nr. 3, S. 28-34

/102/ Klumpp, B.:

Prüfverfahren zur Untersuchung der Partikelreinheit
technischer Oberflächen.
Berlin u. a.: Springer, 1993
(IPA-IAO Forschung und Praxis, Bd. 182)
Zugl. Stuttgart, Univ., Diss., 1993

/103/ Kaun, R.:

Reinraumtauglichkeit von Materialien.
In: Schmutz, Wolfgang (Leitg.); PRISMA
Industrie-Kommunikation (Veranst.): Reinraum Forum
- 1991: 2. Jahrestagung, 30./31. Januar 1991,
Karlsruhe - Schwerpunkte '91: Materialien, Modernisierung
Modularisierung, EDV-Instandhaltung, fertigungsbegleitende
Personalqualifikation
Karlsruhe: PRISMA Industrie-Kommunikation, 1991
S. o. Z.

/104/ Prater, W.; Jones, W.;
Stone, G.;
u. a.:

Preventing Contamination in Magnetic Disc Drives Through
the Use of Wear-resistant Coatings.
In: Microcontamination 7 (1989), Nr. 4, S. 31-56

/105/ Miller, R. J.;
Cooper, D. W.;
Nagaraj, B. L.;
u. a.:

Mechanisms of Contaminent Particle Production, Migration
and Adhesion.
In: J. Vac. Sci. Technol. A, Vac. Surf. Films (USA), Bd. 6
Nr. 3, pt. 2, Mai-Juni 1988, S. 2097-2101

/106/ Morlok, O.:

TRIBO-TEST-GERÄT zur Reibwertmessung und
Beurteilung der Verschleißbeständigkeit. Produktblatt Nr.
6.15 des Fraunhofer-Instituts für Produktionstechnik und
Automatisierung (IPA), Stuttgart, o. J.

/107/ Scott, C.:

Material Selection for Cleanroom Compatibility.
In: Microcontamination 5 (1987), Nr. 4, S. 18-28

/108/ N. N.:

VDI 2221: Methodik zum Entwickeln und Konstruieren
technischer Systeme und Produkte.
Berlin u. a.: Beuth, 1986

/109/ N. N.:

VDI 2222: Konstruktionsmethodik.
Blatt 1: Konzipieren technischer Produkte
Berlin u. a.: Beuth, 1977

/110/ Caesar, Ch.:

Kostenorientierte Gestaltungsmethodik für variantenreiche
Serienprodukte - Variant Mode and Effects Analysis
(VMEA).
Düsseldorf: VDI, 1991
(Fortschritt-Berichte VDI, Reihe 2: Fertigungstechnik)

/111/ Roth, K.:

Konstruktionskataloge und ihr Einsatz beim methodischen
Konstruieren.
In: VDI-Z 123 (1981), Nr. 10, S. 413-418

/112/ Beitz, W.:

Innovative Produktpolitik - Strategien zur Planung und
Entwicklung marktfähiger Produkte.
In: Konstruktion 40 (1988), Nr. 6, S. 227-232

/113/ Beitz, W.:   Möglichkeiten methodischer Lösungsfindung bei der
                                   Konstruktion.
                                   In: Konstruktion 23 (1971), Nr. 5, S. 161-167

/114/ Koller, R.:   Konstruktionsmethode für den Maschinen-, Geräte- und
                                   Apparatebau.
                                   Berlin u. a.: Springer, 1976

/115/ Rodenacker, W.:   Methodisches Konstruieren - Grundlagen, Methodik,
                                   praktische Beispiele.
                                   3., überarb. Aufl.
                                   Berlin u. a.: Springer, 1984

/116/ Pahl, G.;   Konstruktionslehre.
       Beitz, W.:   3. Aufl.
                                   Berlin u. a.: Springer, 1993

/117/ Hilgenböcker, H.:   Methodische Entwicklung von Zuführsystemen.
                                   Düsseldorf: VDI, 1985
                                   (Fortschritt-Berichte VDI, Reihe 2: Betriebstechnik)

/118/ Hansen, F.:   Konstruktionssystematik - Grundlagen für eine allgemeine
                                   Konstruktionslehre.
                                   Berlin: Verlag Technik, 1956

/119/ Roth, K.:   Konstruieren mit Konstruktionskatalogen.
                                   Berlin u. a.: Springer, 1982

/120/ Kaun, R.;   Integrated Payload Automation - Technical Dossier.
       Born, R.;   Issue 1. Doc. No. RP-2302-7200DO/01. ESTEC-
       Carey, W.:   Contract No. 9830/92/NL/JG-Rider 1, 18.05.1994

/121/ van der Mooren,   Instandhaltungsgerechtes Konstruieren und Projektieren:
       A. L.:   Grundlagen, Methoden und Checklisten für den Maschinen-
                                   und Apparatebau.
                                   Berlin u. a.: Springer, 1991
                                   (Konstruktionsbücher, Bd. 37)

/122/ Bäßler, R.:   Integration der montagegerechten Produktgestaltung in den
                                   Konstruktionsprozeß.
                                   Berlin u. a.: Springer, 1988
                                   (IPA-IAO Forschung und Praxis, Bd. 116)
                                   Zugl. Stuttgart, Univ., Diss., 1988

/123/ Rodenacker, W. G.:   Festlegung der Funktionsstruktur von Maschinen, Apparaten
                                   und Geräten.
                                   In: Konstruktion 24 (1972), Nr. 8, S. 335-340

/124/ Kehrmann, H.;   Bedeutung des Funktionsprinzips für die Produktfindung.
       Domke, H.;   In: Konstruktion 26 (1974), Nr. 1, S. 16-21
       Robens, M.:

/125/ N. N.:   Guidelines for Equipment Reliability.
                       Technology Transfer #92031014A-GEN
                       SEMATECH, INC., 1992

/126/ Gerhard, E.:   Entwickeln und Konstruieren mit System - Wege zur
                       rationellen Lösungsfindung.
                       2. Aufl.
                       Ehingen: Expert, 1988
                       (Kontakt & Studium, Bd. 51)

/127/ Roth, K.:   Grundlagen methodischen Vorgehens beim Konstruieren.
                       In: VDI-Z 121 (1979) Nr. 20, S. 989-997

/128/ Roth, K.;   Beschreibung und Anwendung des Algorithmischen
       Andresen, U.;   Auswahlverfahrens zur Konstruktion mit Katalogen
       Birkhofer, H.;   (AAK).
       u. a.:   In: Konstruktion 27 (1975), Nr. 6, S. 213-222

/129/ Berns, H.:   Denkmodell für methodisches und wirtschaftliches
                       Konstruieren und Gestalten.
                       In: Konstruktion 32 (1980), Nr. 1, S. 13-18

/130/ Schwarzkopf, W.; Die Gestaltung - Stiefkind der Konstruktionsmethodik?
       Jorden, W.:   In: Konstruktion 36 (1984), Nr. 8, S. 299-304

/131/ Schwarzkopf, W.; Flexible Konstruktionsmethodik mit Hilfe eines Methodik-
       Jorden, W.:   Baukastensystems.
                       In: Konstruktion 37 (1985), Nr. 2, S. 73-77

/132/ Müller, J.:   Zur Entwicklung der Konstruktionstechnik im
                       deutschsprachigen Raum nach 1970 unter besonderer
                       Berücksichtigung der Arbeiten in der DDR.
                       In: Konstruktion 40 (1988), Nr. 6, S. 221-226

/133/ Müller, J.:   Wo steht die Konstruktionsmethodik? Bestandsaufnahme und
                       Orientierung.
                       In: Konstruktion 40 (1988), Nr. 8, S. 317-323

/134/ Beitz, W.:   Konstruktionsmethodik für die Praxis.
                       In: Konstruktion 41 (1989), Nr. 12, S. 403-405

/135/ Oelsner, R. F.: Geschichte des Konstruierens in Deutschland. Vom
                       künstlerischen Handeln zum formalisierten Wissen.
                       In: Konstruktion 44 (1992), Nr. 12, S. 387-390

/136/ Beitz, W.;   Konstruktionsmethodik in der Praxis.
       Birkhofer, H.;   In: Konstruktion 44 (1992), Nr. 12, S. 391-397
       Pahl, G.:

/137/ Roth, K.;   Aufbau und Verwendung von Katalogen für das methodische
       Franke, H.-J.;   Konstruieren.
       Simonek, R.:   In: Konstruktion 24 (1972), Nr.11, S. 449-458

/138/ N. N.:   Technical Report ISO/TR 10314-1 12.90:
                          Industrial Automation - Shop Floor Production
                          Part 1: Reference Model for Standardization and a
                          Methodology for Identification of Requirements.

/139/ Pahl, G.:   Methodisches Konstruieren - Vergleichende Übersicht zum
                          derzeitigen Stand der methodischen Konzeptfindung in
                          Anlehnung an die Richtlinie VDI 2222, Blatt 1.
                          In: Konstruktion als Wissenschaft - Forschung hilft Praxis -.
                          Stuttgart/VDI-Verlag (Hrsg.).
                          Düsseldorf, 1974, S. 11-23

/140/ Wiendahl, H.-P.:   Funktionale Standardisierung - ein Konzept zum
                          Rationalisieren in der Maschinenbau-Einzelfertigung.
                          In: Konstruktion 30 (1978), Nr. 6, S. 221-227

/141/ Ehrlenspiel, K.;   Konstruieren als gedanklicher Prozeß.
       Rutz, A.:   In: Konstruktion 39 (1987), Nr. 10, S. 409-414

/142/ Müller, J.:   Möglichkeiten und Ergebnisse der analytischen Darstellung
                          konstruktiver Entwurfsprozesse im aktivitäts- und
                          ereignisorientierten Graph.
                          In: Konstruktion 41 (1989), Nr. 1, S. 25-34

/143/ Vötter, M.;   Vision: Der Computer als Konstrukteur oder
       Mantwill, F.;   Konstruktionspartner.
       Schlecht, M.:   In: Konstruktion 44 (1992), Nr. 2, S. 51-56

/144/ Krause, W. (Hrsg.): Gerätekonstruktion.
                          2. Aufl.
                          Berlin: Verlag Technik, 1986

/145/ N. N.:   VDI 2210 (Entwurf): Datenverarbeitung in der Konstruktion
                          - Analyse des Konstruktionsprozesses im Hinblick auf den
                          EDV-Einsatz.
                          Berlin u. a.: Beuth, 1975

/146/ Weißsieker, H.; Lokale Reinräume, Minienvironments, SMIF, CIP/SIP,
  Warnecke, H.-J.; Enclosures: Begriffliche Gemeinsamkeiten und
  Ludwig, J.: Auswirkungen
  auf die Qualität der Produkte:
  Einschlußtechniken zur Qualitätssicherung in der
  Reinraumtechnik (Teil 1).
  In: Reinraumtechnik 7 (1993), Nr. 4, S. 24-30

/147/ Nicolaisen, P.; Gestaltung von Industrieroboterarbeitszellen und -bereichen.
  Kaun, R.; Bremerhaven: Wirtschaftsverlag NW, 1992
  Krockenberger, O.: (Schriftenreihe der Bundesanstalt für Arbeitsschutz Fb 651)

/148/ Ropohl, G.: Flexible Fertigungssysteme - Zur Automatisierung der
  Serienfertigung.
  Mainz: Krausskopf, 1971

/149/ N. N.: VDI 2217 (Entwurf): Datenverarbeitung in der Konstruktion
  - Begriffserläuterungen.
  Berlin u. a.: Beuth, 1979

/150/ N. N.: Wirtschaftslexikon.
  Frankfurt: Hagen, 1987

/151/ Northcott, J.; Robots in British Industry - Expectations and Experience.
  Brown, C.; PSI Research Report No. 660,
  Christie, I.; London: Policy Studies Institute, 1986
  u. a.:

/152/ Scheer, A.-W.: Wirtschaftsinformatik: Informationssysteme im
  Industriebetrieb.
  2. Aufl.
  Berlin u. a.: Springer, 1988

/153/ Wohnhas, S.; Hohes Automatisierungspotential in der Chip-Produktion.
  Schäfer, W.: In: Elektronik 40 (1991), Nr. 4, S. 130-132

/154/ Bernhardt, R.: Systematisierung des Konstruktionsprozesses.
  Düsseldorf: VDI, 1981

/155/ N. N.: Norm DIN 19226:
  Systemtechnik.

/156/ Daenzer, W. F.: Systems Engineering.
  Köln: Haunstein, 1978/79

/157/ Brendel, H.: Wissensspeicher Tribotechnik: Schmierstoffe,
  Gleitpaarungen, Schmiereinrichtungen.
  1. Aufl.
  Wien u. a.: Springer, 1978

/158/ N. N.:   Norm DIN 50320:
Tribologische Systeme.

Glossar

Im folgenden werden Begriffe, die für das Verständnis der Arbeit wichtig sind, auf der Basis vorhandener Literatur erläutert bzw. speziell definiert.

❏ **Aufgabe**

Eine Aufgabe besteht in der zu überwindenden Differenz zwischen einem gegebenen Anfangszustand und einem gedanklich vorweggenommenen Endzustand. Aufgaben stellen ein gesetztes (aufgegebenes) Soll dar, das zu verwirklichen ist /148/.

❏ **Ausarbeitung**

Letzter Abschnitt der gestaltenden Phase, in dem die Detaillierung von Einzelteilen sowie das Erstellen von Fertigungs-/Ausführungsunterlagen (Zeichnungen, Stücklisten usw.) erfolgt (nach /109/).

❏ **Betriebsmodus**

Art und Weise, wie eine Anlage im Rahmen des Produktionsbetriebes eingesetzt wird. Zu unterscheiden sind zum einen der Einsatz zum Erzielen eines Produktionsfortschritts (Normalbetrieb). Zum anderen der Einsatz zur Aufrechterhaltung, Unterstützung bzw. Ermöglichung des Produktionsfortschritts (Nicht-Normalbetrieb).

❏ **Entwicklung**

Hier: Produktentwicklung. Alle Vorgänge zur Suche und ggf. probeweisen Realisierung einer konstruktiven Lösung für ein neues oder verbessertes Produkt /149/ (z. B. Fertigungsanlage).

❏ **Entwurf**

Abschnitt der gestaltenden Phase, in dem - aufbauend auf dem Konzept des Produktes (hier: Fertigungsanlage/-zelle) - eine weitere Konkretisierung (Vervollständigung, Berechnung Kräfteverläufe usw.) des Produktes erfolgt (nach /109/).

❏ **Fertigungsanlage**

Gebrauchsgut, das die technischen und arbeitsmäßigen Voraussetzungen für die Durchführung von Produktionsprozessen für einen befristeten Zeitraum gewährleistet (nach /150/).

❏ **Fertigungsbereich**

Teil einer Fertigung bzw. einer Fertigungslinie; kann mehrere Fertigungszellen umfassen.

❏ **Fertigungszelle**

Gruppe von Fertigungsanlagen, die durch ein Transportsystem miteinander verbunden sind. In der Regel ist auch ein Puffer für Produkte oder Werkzeuge vorhanden. Ein zentraler Rechner steuert alle Anlagen inkl. des Transportsystems. Hierdurch kann eine automatische Abwicklung aller Arbeitsschritte stattfinden (in Anlehnung an /151-153/).

❏ **Funktion**

Eine Funktion ist der abstrakt beschriebene allgemeine Wirkzusammenhang zwischen Eingangs-, Ausgangs- und Zustandsgrößen eines Systems zum Erfüllen einer Aufgabe /108/.

❏ **Funktionelle Analyse**

Systematische Untersuchung, Ermittlung, Optimierung und Strukturierung aller zur Durchführung einer bestimmten Fertigungsaufgabe (gegebenen Gesamtfunktion) notwendigen (Teil-)Funktionen mit den zugehörigen Funktionsattributen (nach /120/).

❏ **Funktionelle Dekomposition**

Begriffliche Zerlegung bzw. Untergliederung einer Funktion in detailliertere, spezifischere Funktionen (Teilfunktionen) /120/.

❏ **Funktionelle Phase**

Abschnitt des Konstruktionsprozesses, in dem die funktionelle Analyse durchgeführt wird (nach /108, 109, 119, 120/).

❏ **Funktionsart**

Alle Funktionen, die sich in ihrem grundsätzlichen Charakter soweit ähneln, daß sie einer der vier generischen Funktionen des GAM /138/ zugeordnet werden können, gehören zu einer Funktionsart.

❏ **Funktionsattribut**

Eigenschaftsmerkmal einer Funktion /120/.

❏ **Funktionsnetz**

Verknüpfung aller Funktionen bzw. Funktionssequenzen einer Fertigungsanlage oder -zelle zur Erfüllung der Gesamtfunktion (bezogen auf einen bestimmten Betriebsmodus) (in Anlehnung an /120/).

❏ **Funktionssequenz**

Gruppe von Funktionen, die in einem zeitlichen bzw. logischen Zusammenhang stehen.

❏ Funktionsstruktur

Gesamtheit der Funktionen, Funktionssequenzen und Funktionsnetze.

❏ Gesamtfunktion

Die Aufgabe, die in allgemeingültiger Form für den normalen Betriebsmodus den eigentlichen Anlagenzweck (z. B. Beschichten) beschreibt, wird Gesamtfunktion genannt. Analog ist im nicht-normalen Betriebsmodus diejenige Aufgabe die Gesamtfunktion, welche die dort durchzuführendenVorgänge, z. B. Instandhaltung, übergeordnet beschreibt (nach /120/).

❏ Gestaltende Phase

Abschnitt des Konstruktionsprozesses, in dem, aufbauend auf der Funktionsstruktur, die stoffliche Realisierung eines Produktes (hier: Fertigungsanlage/-zelle) vollzogen wird (nach /108, 109, 119, 120/).

❏ Grauraum

Bereich, der an einen Reinraum angrenzt und zwar keine spezifizierte Reinheit besitzt, aber mit Hilfe bestimmter Vorschriften und Maßnahmen möglichst sauber gehalten wird. Grauräume können z. B. als Büro- oder Versorgungstrakte dienen oder Instandhaltungsaufgaben an Anlagen ermöglichen.

❏ Konstruktionsphase

Abschnitt des Konstruktionsprozesses einer bestimmten Konkretisierungsstufe (nach /154/), der durch bestimmte Konstruktionsarbeitsgänge charakterisiert ist und an dessen Ende typische Ergebnisse vorliegen /149/.

❏ Konstruktionsprozeß

Teil der Lebensphasen eines Systems (nach /108/).

❏ Konzeption

Abschnitt des Konstruktionsprozesses, der vom Klären der Aufgabenstellung bis zum Erarbeiten und Auswählen grobmaßstäblicher Prinziplösungen (Lösungskonzepte) reicht (nach /109/). Die Konzeption umfaßt die Aufgabendefinitionsphase, die Phase der funktionellen Analyse sowie die konzeptionelle Gestaltung als Teil der gestaltenden Phase.

❏ Konzeptionelle Gestaltung

Abschnitt der gestaltenden Phase, in dem die systematische Bildung, Aggregation und Integration von Anlagenmodulen zum fertigen Anlagenkonzept bzw. Fertigungszellenkonzept erfolgt (nach /120/).

❏ **Konzeptionelle Grobgestaltung**

Erster Abschnitt der konzeptionellen Gestaltung, der nur die wichtigsten Merkmale festlegt und diese teilweise mit Schätzwerten beschreibt.

❏ **Konzeptionelle Feingestaltung**

Zweiter Abschnitt der konzeptionellen Gestaltung, der alle für eine Konzeption relevanten Merkmale (z. B. Materialien) festlegt und diese so genau, wie zu diesem Zeitpunkt möglich, beschreibt.

❏ **Methode**

Hier: Konstruktionsmethode. Grundsätzliche aus einer geordneten Menge von Schritten bestehende planmäßige Vorgehensweise für die Lösung eines konstruktiven Problems. Um eine Methode anwenden zu können, muß sie stets in ein Verfahren umgesetzt werden (nach /126, 149/).

❏ **Modul**

Abgeschlossener Teil (Teilsystem) einer Anlage mit definierten Schnittstellen (nach /149/) auf einer beliebigen Detaillierungsebene. Kann z. B. einer Baugruppe oder einem Funktionsträger entsprechen.

❏ **Modulgesamtkonfiguration**

Verknüpfung aller Module und Modulgruppen einer Fertigungsanlage zum resultierenden Anlagenkonzept.

❏ **Modulstruktur**

Gesamtheit aller Module, Modulgruppen und der Modulgesamtkonfiguration.

❏ **Nicht-Normalbetrieb**

Betriebsmodus einer Anlage, in dem Nicht-Normalfunktionen ausgeführt werden.

❏ **Nicht-Normalfunktionen**

Funktionen einer Anlage, die zur Aufrechterhaltung, Unterstützung bzw. Ermöglichung des Produktionsfortschritts dienen. Beispiele für derartige Funktionen sind Einrichten, Umkonfigurieren oder Instand halten.

❏ **Normalbetrieb**

Betriebsmodus einer Anlage, in dem Normalfunktionen ausgeführt werden.

❏ **Normalfunktionen**

Funktionen einer Anlage zum Erzielen eines Produktionsfortschritts. Beispiele sind Funktionen wie Beschichten, Spritzgießen oder Messen.

❏ **System**

Unter einem System /155, 156/ wird eine Anordnung von aufeinander einwirkenden Elementen verstanden, die durch eine Hüllfläche von der Umgebung abgegrenzt wird. Die Elemente eines Systems können Gegenstände, Ideen, Probleme, usw. sein. Der Zweck eines Systems ist die Umwandlung von Eingangs- in Ausgangsgrößen. Die Systemstruktur wird von der Art, der Anzahl und den Eigenschaften der Systemelemente sowie deren qualitativen und quantitativen Beziehungen untereinander bestimmt. Besonders bei komplexen Systemen bietet sich eine hierarchische (vertikale) Unterteilung in Ebenen unterschiedlicher Detaillierungsstufen und/oder eine horizontale Gliederung, bezogen auf bestimmte Hierarchieebenen, an.

❏ **Tribologisches System**

Jede Materialpaarung ist Teil eines sogenannten Tribologischen Systems (Tribologie: Lehre von Reibung, Verschleiß und Schmierung) /157, 158/, das im allgemeinen Fall aus Grundkörper, Gegenkörper, Zwischenstoff (z. B. Schmiermittel) sowie einem Umgebungsmedium besteht und nach außen hin durch eine Systemeinhüllende abgegrenzt wird. Aufgrund der vielfältigen Abhängigkeiten innerhalb eines Tribologischen Systems kann das Reibungs- und Verschleiß- bzw. Partikelemissionsverhalten nicht allein auf ein bestimmtes Material bzw. auf einen der beiden Reibpartner bezogen werden. Vielmehr betreffen Aussagen über ein tribologisches System immer das System als Ganzes, d. h. beide Reibpartner, den Zwischenstoff und die jeweils herrschenden Umgebungs-, Rand- und Betriebsbedingungen.

❏ **Vorgehensweise**

Ein schrittweises, klar definiertes Vorgehen im Sinne einer Handlungsanleitung (nach /120/).

❏ **Verfahren**

Anwendung einer Methode unter Benutzung von Hilfsmitteln /149/.

IPA Forschung und Praxis

Schriftenreihe aus dem Institut für Produktionstechnik und Automatisierung, Stuttgart

Herausgeber: Prof. Dr.-Ing. Dr. h. c. mult. H.-J. Warnecke

Stufenweise Ableitung eines praktischen Planungssystems für den Entwicklungsbereich
Von R. Hichert. ISBN 3-7830-0149-8.
1978, 151 Seiten, kartoniert.
52.— DM

Produktionsplanung mit Auftragsfamilien
Von U. W. Geitner. ISBN 3-7830-0161.7.
1979, 110 Seiten, kartoniert.
45.— DM

Thermisch-chemisches Entgraten
Von T. Wagner. ISBN 3-7830-0164-1.
1979, 111 Seiten, kartoniert.
45.— DM

Untersuchung der Materialflußkosten bei ausgewählten Systemen der Zentralen Arbeitsverteilung
Von R. Wenzel. ISBN 3-7830-0162-5.
1979, 168 Seiten, kartoniert.
86.— DM

Anpassung und Einführung eines Planungssystems für die Ablaufplanung im Konstruktionsbereich
Von W. Dangelmaier. ISBN 3-7830-0163-3.
1979, 168 Seiten, kartoniert.
80.— DM

Längenmessungen an bewegten Teilen mit berührungslos wirkenden Aufnehmern
Von H. Lang. ISBN 3-7830-0157-9.
1979, 89 Seiten, kartoniert.
42.— DM

Untersuchung multistabiler Strömungselemente und ihr Einsatz in sequentiellen Steuerungen
Von A. Ernst. ISBN 3-7830-0157-9.
1979, 122 Seiten, kartoniert.
48.— DM

Taktile Sensoren für programmierbare Handhabungsgeräte
Von M. Schweizer. ISBN 3-7830-0158-7.
1979, 91 Seiten, kartoniert.
42.— DM

Die rechnerunterstützte Prüfplanung
Von P. Blasing. ISBN 3-7830-0152-8.
1979, 100 Seiten, kartoniert.
44.— DM

Verfahren zur Fabrikplanung im Mensch-Rechner-Dialog am Bildschirm
Von W. Ernst. ISBN 3-7830-0156-0.
1979, 218 Seiten, kartoniert
72.— DM

Rechnerunterstütztes Verfahren zur Leistungsabstimmung von Mehrmodell-Montagesystemen
Von M. Gorke ISBN 3-7830-0155-2.
1979, 139 Seiten, kartoniert
50.— DM

Standortbezogene Betriebsmittel
Von G. Pflieger. ISBN 3-7830-0167-6.
1979, 127 Seiten, kartoniert.
52.— DM

Die betriebswirtschaftliche Beurteilung neuer Arbeitsformen
Von B.-H. Zippe. ISBN 3-7830-0168-4.
1979, 350 Seiten, kartoniert.
98.— DM

Untersuchung des Arbeitsverhaltens programmierbarer Handhabungsgeräte
Von B. Brodbeck. ISBN 3-7830-0169-2.
1979, 117 Seiten, kartoniert
48 — DM

Untersuchung eines kohärent-optischen Verfahrens zur Rauheitsmessung
Von N. Rau. ISBN 3-7830-0174-9
1979, 117 Seiten, kartoniert.
48.— DM

Entwicklung einer programmierbaren, pneumatischen Steuerung
Von D. Klemenz. ISBN 3-7830-0171-4.
1979, 93 Seiten, kartoniert.
42.— DM

IPA Forschung und Praxis

Berichte aus dem Fraunhofer-Institut für Produktionstechnik und Automatisierung, Stuttgart, und dem Institut für Industrielle Fertigung und Fabrikbetrieb der Universität Stuttgart

Herausgeber: Prof. Dr.-Ing. Dr. h. c. mult. H.-J. Warnecke

IPA-IAO Forschung und Praxis

Berichte aus dem Fraunhofer-Institut für Produktionstechnik und
Automatisierung (IPA), Stuttgart, Fraunhofer-Institut für Arbeitswirtschaft
und Organisation (IAO), Stuttgart, und Institut für Industrielle Fertigung
und Fabrikbetrieb der Universität Stuttgart

Herausgeber: Prof. Dr.-Ing. Dr. h. c. mult. H.-J. Warnecke und Prof. Dr.-Ing. habil. Prof. E. h. Dr. h. c. H.-J. Bullinger

252 **Entwicklung von Datenmodellen für ein objektorientiertes Engineering Data Management System zur Unterstützung von teamorientierten Organisationsformen**
Von Frank Marcial ISBN 3-540-63340-5.
1997, 216 Seiten mit 76 Abbildungen und 26 Tabellen.   88,– DM

253 **Verfahren zur Konzeption automatischer reinraumtauglicher Fertigungsanlagen und -zellen**
Von Ralf Kaun ISBN 3-540-63447-9.
1997, 160 Seiten mit 88 Abbildungen.   88,– DM